"十二五"国家计算机技能型紧缺人才培养培训教材

教育部职业教育与成人教育司
全国职业教育与成人教育教学用书行业规划教材

新编中文版

Moldflow
2012 标准教程

编著／史艳艳

光盘内容
6个综合实例的视频教学文件、相关练习素材和
范例源文件

海洋出版社
2013年·北京

内 容 简 介

本书是专为想在较短时间内学习并掌握数控加工与模流分析软件 Moldflow 2012 的使用方法和技巧而编写的标准教程。本书语言平实，内容丰富、专业，并采用了由浅入深、图文并茂的叙述方式，从最基本的技能和知识点开始，辅以大量的上机实例作为导引，帮助读者轻松掌握中文版 Moldflow 2012 的基本知识与操作技能，并做到活学活用。

本书内容：全书共分为 12 章，着重介绍了 Moldflow 2012 的基础知识，包括 Moldflow 的应用、MPI 分析流程和 Moldflow 基本原理；Moldflow 的基本操作，包括模型导入与修复、材料选择和成型条件设定；网格的使用，包括网格修复、网格缺陷诊断工具和网格统计信息工具；模流分析报告，包括分析结果解析、分析前的准备、制作分析报告、执行冷却分析的方法和决定主要变形分析等；建模工具的应用；浇口和流道设计；Moldflow 中的制程条件；模型修改；聚合物的结构特点和常见塑料的性能；注塑成型过程；Moldflow 的分析类型和 Moldflow 材料库等知识。

本书特点：1. 基础知识讲解与范例操作紧密结合贯穿全书，边讲解边操练，学习轻松，上手容易；2. 重点实例提供完整操作步骤，激发读者动手欲望，注重学生动手能力和实际应用能力的培养；3. 实例典型、任务明确，由浅入深、循序渐进、系统全面，为职业院校和培训班量身打造。4. 每章后都配有练习题和上机实训，利于巩固所学知识和创新。5. 书中重点实例收录于光盘中，采用视频讲解的方式，一目了然，学习更轻松！

适用范围：适用于职业院校材料成型及控制工程、模具设计等专业课教材；也可作为使用 Moldflow 的模具设计、模具开发、产品设计和成型技术人员学习塑料模具流模分析的自学指导书。

图书在版编目(CIP)数据

新编中文版 Moldflow 2012 标准教程/ 史艳艳编著. -- 北京 ：海洋出版社, 2013.3
ISBN 978-7-5027-8502 -4

Ⅰ. ①新… Ⅱ. ①史… Ⅲ. ①注塑－塑料模具－计算机辅助设计－应用软件－教材 Ⅳ.①
TQ320.5-39

中国版本图书馆 CIP 数据核字(2013)第 042261 号

总 策 划：刘斌		发 行 部：(010) 62174379（传真）(010) 62132549
责任编辑：刘斌		(010) 62100075（邮购）(010) 62173651
责任校对：肖新民		网 址：http://www.oceanpress.com.cn/
责任印制：赵麟苏		承 印：北京华正印刷有限公司
排 版：海洋计算机图书输出中心 晓阳		版 次：2013 年 3 月第 1 版
		2013 年 3 月第 1 次印刷
出版发行：海洋出版社		开 本：787mm×1092mm 1/16
地 址 ：北京市海淀区大慧寺路 8 号（707 房间）		印 张：12
100081		字 数：288 千字
经 销 ：新华书店		印 数：1~4000 册
技术支持：010-62100055		定 价：28.00 元（1CD）

本书如有印、装质量问题可与发行部调换

"十二五"全国计算机职业资格认证培训教材

编 委 会

丛书序言

计算机技术是推动人类社会快速发展的核心技术之一。在信息爆炸的今天,计算机、因特网、平面设计、三维动画等技术强烈地影响并改变着人们的工作、学习、生活、生产、活动和思维方式。利用计算机、网络等信息技术提高工作、学习和生活质量已成为普通人的基本需求。政府部门、教育机构、企事业、银行、保险、医疗系统、制造业等单位和部门,无一不在要求员工学习和掌握计算机的核心技术和操作技能。据国家有关部门的最新调查表明,我国劳动力市场严重短缺计算机技能型技术人才,而网络管理、软件开发、多媒体开发人才尤为紧缺。培训人才的核心手段之一是教材。

为了满足我国劳动力市场对计算机技能型紧缺人才的需求,让读者在较短的时间内快速掌握最新、最流行的计算机技术的操作技能,提高自身的竞争能力,创造新的就业机会,我社精心组织了一批长期在一线进行电脑培训的教育专家、学者,结合培训班授课和讲座的需要,编著了这套为高等职业院校和广大的社会培训班量身定制的《"十一五"国家计算机技能型紧缺人才培养培训教材》。

一、本系列教材的特点

1. 实践与经验的总结——拿来就用

本系列书的作者具有丰富的一线实践经验和教学经验,书中的经验和范例实用性和操作性强,拿来就用。

2. 丰富的范例与软件功能紧密结合——边学边用

本系列书从教学与自学的角度出发,"授人以渔",丰富而实用的范例与软件功能的使用紧密结合,讲解生动,大大激发读者的学习兴趣。

3. 由浅入深、循序渐进、系统、全面——为培训班量身定制

本系列教材重点在"快速掌握软件的操作技能"、"实际应用",边讲边练、讲练结合,内容系统、全面,由浅入深、循序渐进,图文并茂,重点突出,目标明确,章节结构清晰、合理,每章既有重点思考和答案,又有相应上机操练,巩固成果,活学活用。

4. 反映了最流行、热门的新技术——与时代同步

本系列教材在策划和编著时,注重教授最新版本软件的使用方法和技巧,注重满足应用面最广、需求量最大的读者群的普遍需求,与时代同步。

5. 配套光盘——考虑周到、方便、好用

本系列书在出版时尽量考虑到读者在使用时的方便,书中范例用到的素材或者模型都附在配套书的光盘内,有些光盘还赠送一些小工具或者素材,考虑周到、体贴。

二、本系列教材的内容

1. 新编中文版 CorelDRAW 12 标准教程(含 1CD)
2. 新编中文版 Premiere Pro 1.5 标准教程(含 2CD)
3. 新编中文版 AutoCAD 2006 标准教程(含 1CD)
4. 新编中文 3ds Max 9 标准教程(含 1CD)
5. 新编中文 After Effects 7.0 标准教程(含 1CD)
6. 新编中文版 Illustrator CS4 标准教程(含 1CD)
7. 新编中文版 Indesign CS3 标准教程 (含 1CD)
8. 新编中文版 Dreamweaver CS4 标准教程(含 1CD)
9. 新编中文版 CorelDRAW X4 标准教程(含 1CD)

三、读者定位

本系列教材既是全国高等职业院校计算机专业首选教材，又是社会相关领域初中级电脑培训班的最佳教材，同时也可供广大的初级用户实用自学指导书。

海洋出版社强力启动计算机图书出版工程！倾情打造社会计算机技能型紧缺人才职业培训系列教材、品牌电脑图书和社会电脑热门技术培训教材。读者至上，卓越的品质和信誉是我们的座右铭。热诚欢迎天下各路电脑高手与我们共创灿烂美好的明天，蓝色的海洋是实现您梦想的最理想殿堂！

希望本系列书对我国紧缺的计算机技能型人才市场和普及、推广我国的计算机技术的应用贡献一份力量。衷心感谢为本系列书出谋划策、辛勤工作的朋友们！

教材编写委员会

前　言

Moldflow 是一款功能强大的 CAM 软件，也是当今技术上最具代表性的、使用增长率最快的加工软件。Moldflow 2012 采用了全新的界面，为使用者提供了更加完善的加工策略。

通过 Moldflow 2012 软件的分析，可以帮助解决与改进数控加工过程中模具存在的缺陷，使产品的生产过程更加节省加工时间，并能避免材料等资源的浪费。

在加工过程中，Moldflow 2012 的实体模型全自动处理，无形中对使用者的要求大大降低。使用者在具备基础加工工艺知识的同时，通过简单的专业技术培训，即可实现对复杂模型的操作与处理。

本书解说精细，操作实例通俗易懂，具有很强的实用性、操作性和技巧性。书中结合实例详细讲解了 Moldflow 2012 的基本命令与概念功能，既包括软件应用与操作的方法和技巧，又融入了塑料模具设计和塑料加工工艺的基础知识和要点，可以方便读者迅速掌握使用 Moldflow 2012 进行模流分析的方法和技巧。

本书共分为 12 章，主要内容介绍如下：

第 1 章介绍 Moldflow 的基础知识。包括 Moldflow 的应用、MPI 分析流程以及 Moldflow 基本原理。

第 2 章介绍 Moldflow 的基本操作。包括模型导入与修复、材料选择、成型条件设定等。

第 3 章介绍网格的使用。包括网格修复、网格缺陷诊断工具、网格统计信息工具等。

第 4 章介绍模流分析报告。包括分析结果解析、分析前的准备、制作分析报告、执行冷却分析的方法、决定主要变形分析等。

第 5 章介绍建模工具的应用。包括模型转换、建立几何图形、分析模型构建及要求、计算时间及网格密度和精度等。

第 6 章介绍浇口和流道设计。包括浇口设计、浇口配置、流道设计等。

第 7 章介绍 Moldflow 中的制程条件。包括制程条件对生产的影响、制程条件对产品的影响、成型条件的设定等。

第 8 章介绍模型修改。包括模型准备、诊断以及使用 Mesh Tools 修整网格。

第 9 章介绍聚合物的结构特点与常见塑料的性能。

第 10 章介绍注塑成型过程。包括充填问题的解决方案、保压、冷却等。

第 11 章介绍 Moldflow 的分析类型。包括浇口位置分析和填充分析等。

第 12 章介绍 Moldflow 的材料库。包括介绍材料选择对话框、显示材料特性以及塑料的流动等。

本书可作为职业院校材料成型及控制工程、模具设计等专业的教材或教学参考书，也可作为使用 Moldflow 的模具设计、模具开发、产品设计和成型技术人员学习塑料模具流模分析的自学指导书。

本书所有实例的视频文件、范例源文件和素材文件均收录在随书光盘中。

本书由史艳艳编著，参与编写的还有王蓓、王墨、包启库、李飞、郝边远、田立群、董敏捷、郭永顺、李彦蓉、唐赛、安培、李传家、王晴、郭飞、徐建利、张余、艾琳、陈腾、左超红、奚金、蒋学军、牛金鑫等。

编　者

目　　录

第 1 章　Moldflow 2012 基础知识

 内容提要

　　本章介绍 Moldflow 2012 的基础知识，包括 Moldflow 的作用、基本原理、MPI 分析流程以及模型构建及要求等。

1.1　什么是 Moldflow

　　作为全球最大的二维、三维设计和工程软件公司，Autodesk 为制造业、工程建设行业、基础设施业以及传媒娱乐业提供卓越的数字化设计和工程软件服务及解决方案。Moldflow 是该公司的一款仿真软件，具有注塑成型仿真功能。

1.1.1　Moldflow 的作用

　　塑料产品从设计到成型生产是一个十分复杂的过程，借助塑料成型（CAE）软件Moldflow，可以模拟塑料熔体在模具模腔中的流动、保压、冷却过程，并对制品可能发生的翘曲进行预测。Moldflow 的作用主要有以下几方面，如图 1-1 所示。

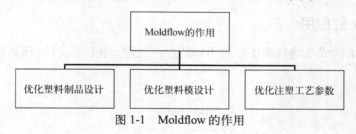

图 1-1　Moldflow 的作用

　　1. 优化塑料制品设计

　　塑件的壁厚、浇口数量、位置及流道系统设计等对于塑料制品的成败和质量关系重大，以往全凭制品设计人员的经验来设计，往往费力、费时，设计出的制品也不尽合理。利用Moldflow 软件，可以快速地设计出最优的塑料制品。

　　2. 优化塑料模设计

　　由于塑料制品的多样性、复杂性和设计人员经验的局限性，传统的模具设计往往要经过反复试模、修模才能成功。利用 Moldflow 软件，可以对型腔尺寸、浇口位置及尺寸、流道尺寸和冷却系统等进行优化设计，并在计算机上进行试模、修模，可以大大提高模具质量，减少试模次数。

　　3. 优化注塑工艺参数

　　过去，由于经验的局限性，工程技术人员很难精确地设置制品最合理的加工参数、选择合适的塑料材料和确定最优的工艺方案。Moldflow 软件可以帮助工程技术人员确定最佳的注射压力、锁模力、模具温度、熔体温度、注射时间、保压压力和保压时间、冷却时间等，以注塑出最佳的塑料制品。

4．使用 Moldflow 软件的好处

使用 Moldflow 软件可以带来如图 1-2 所示的效益，包括节约材料、缩短产品开发周期、减少试模次数、降低废品率、提高产品质量以及节约注塑成本。

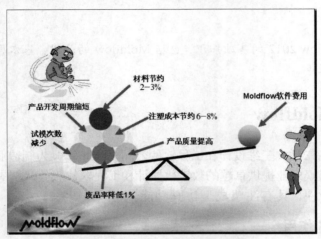

图 1-2　使用 Moldflow 软件的好处

总之，Moldflow 的作用随着 CAE 技术在注塑成型领域中的重要性日益增大，采用 CAE 技术可以全面解决注塑成型过程中出现的问题。

1.1.2　Moldflow 的应用

CAE 分析技术能成功地应用于三种不同的生产过程，即制品设计、模具设计和注塑成型，如图 1-3 所示。

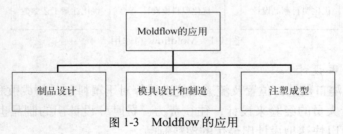

图 1-3　Moldflow 的应用

1．制品设计

制品设计者能用流动分析解决下列问题，如图 1-4 所示。

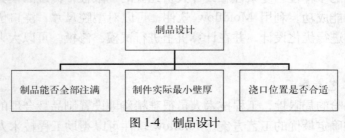

图 1-4　制品设计

（1）制品能否全部注满

这个问题仍为许多制品设计人员所重视，尤其是大型制件，如容器和家具等。

（2）制件实际最小壁厚

如能使用薄壁制件，就能大大降低制件的材料成本。减小壁厚还可大大降低制件的循环时间，从而提高生产效率，降低塑件成本。

（3）浇口位置是否合适

采用 CAE 分析，可以使产品设计者在设计时具有充分的选择浇口位置的余地，确保设计的审美特性。

2. 模具设计和制造

CAE 分析可在以下各方面辅助设计者和制造者，以得到良好的模具设计。如图 1-5 所示。

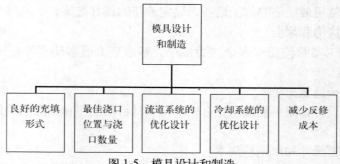

图 1-5　模具设计和制造

（1）良好的充填形式

对于任何的注塑成型来说，最重要的是控制充填的方式，使塑件的成型可靠、经济。单向充填是一种好的注塑方式，它可以提高塑件内部分子单向和稳定的取向性。这种填充形式有助于避免因不同的分子取向所导致的翘曲变形。

（2）最佳浇口位置与浇口数量

为了对充填方式进行控制，模具设计者必须选择能够实现这种控制的浇口位置和数量，CAE 分析可使设计者有多种浇口位置的选择方案并对其影响作出评价。

（3）流道系统的优化设计

实际的模具设计往往要反复权衡各种因素，尽量使设计方案尽善尽美。通过流动分析，可以帮助设计者设计出压力平衡、温度平衡或者压力、温度均平衡的流道系统，还可对流道内剪切速率和摩擦热进行评估，避免材料的降解和型腔内过高的熔体温度。

（4）冷却系统的优化设计

通过分析冷却系统对流动过程的影响，优化冷却管路的布局和工作条件，从而产生均匀的冷却，并由此缩短成型周期，减少产品成型后的内应力。

（5）减少反修成本

提高模具一次试模成功的可能性是 CAE 分析的一大优点。反复地试模、修模要耗损大量的时间和金钱。此外，未经反复修模的模具，其寿命也较长。

3. 注塑成型

注塑者可以在制件成本、质量和可加工性方面得到 CAE 技术的帮助。如图 1-6 所示。

图 1-6　注塑成型

（1）更加宽广更加稳定的加工"裕度"

流动分析对熔体温度、模具温度和注射速度等主要注塑加工参数提出一个目标趋势，通过流动分析，注塑者便可估定各个加工参数的正确值，并确定变动范围，同时会同模具设计者一起，可以结合使用最经济的加工设备，设定最佳的模具方案。

（2）减小塑件应力和翘曲

选择最好的加工参数使塑件残余应力最小。残余应力通常使塑件在成型后出现翘曲变形，甚至发生失效。

（3）省料和减少过量充模

流道和型腔的设计采用平衡流动，有助于减少材料的使用和消除因局部过量注射所造成的翘曲变形。

（4）最小的流道尺寸和回用料成本

流动分析有助于选定最佳的流道尺寸，以减少浇道部分塑料的冷却时间，从而缩短整个注射成型的时间，并减少变成回收料或者废料的浇道部分塑料的体积。

1.2　MPI 分析流程

下面分别介绍从 MPI 分析序列的相关内容、MPI 操作界面以及分析模型构建及要求。

1.2.1　认识分析流程

MPI（Moldflow Plastics Insight）是决定产品几何造型及成型条件最佳化的进阶模流分析软件。从材料的选择、模具的设计，即成型条件参数设定，以确保在注射成型过程中塑料在模具内的充填行为模式，以获得高质量产品。分析流程包括以下内容，如图 1-7 所示。

1. 导入 CAD 模型

在使用 MPI 进行相关内容分析之前，需要做的工作之一就是将 CAD 模型导入。MPI 可以模拟整个注塑过程，以及这一过程对注塑成型产品的影响。各种三维 CAD 软件的注塑制品零件模型均可输入到 MPI 进行分析。

2. 模型生成网格

导入实现之后，需要将模型生成网格。在用户采用线框和表面造型文件时，MPI 可以自动生成中型面网格并准确计算单元厚度，进行精确的分析。

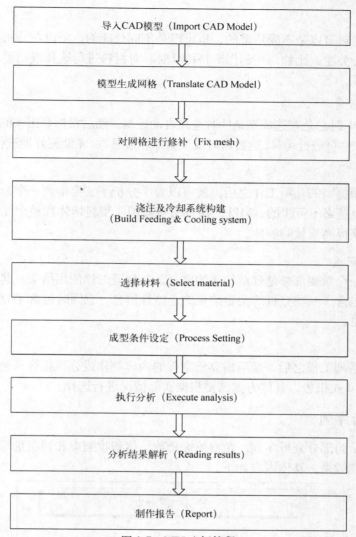

图 1-7   MPI 分析流程

3. 对网格进行修补

Moldflow 中将如图 1-8 所示的"单元"称为网格。将已经创建完成的模型导入生成网格，选择网格类型和单位，即可进行网格的划分。Moldflow 的步骤是先划分网格，然后进行网格的诊断，导入的复杂模型一般都有很多问题，然后修补问题网格。

4. 浇注及冷却系统构建

浇注系统是成型材料进入模具型腔的通道。冷却系统是指模具的冷却，模具冷却的常用方法是在模具中开设冷却水道，利用循环流动的冷却水带走模具的热量。浇注及冷却系统的构建是分析流程中以及模具成型的关键所在。

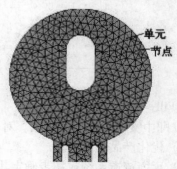

图 1-8   网格

5. 选择材料

用于制品的材料可以是不同质地的，也可以是不同性能的，所以在分析过程中，一定要对材料的选择进行关注。比如，在制作塑料模具时，对材料进行选择就需要考虑材料是否绝缘、是否耐高温等。

6. 成型条件设定

一般在做 MPI 时总是在选成型条件时选用自动控制，然后根据算出来的结果结合实际情况手工设置成型条件再进行运算。这要求对成型条件非常熟悉，才能更好地进行成型条件设定。

7. 执行分析

在完成了前面提到的几项工作之后，就可以着手分析了。要得到一个分析结果，上述 6 点工作是铺垫，也是必不可少的。MPI 的流动分析模拟了塑料熔体在整个注塑过程中的流动情况，确保用户获得高质量的制件。

8. 分析结果解析

分析结果的一个重要部分是理解结果的定义，并知道怎样使用结果。其中，屏幕输出文件和结果概要都包含了一些分析的关键结果的总结性信息，它同时包含了分析过程中和分析结束时的关键信息。

9. 制作报告

在完成了一系列工作之后，最后需要将掌握的内容制作成分析报告。包括网页式报告、PPS 式报告、Word 式报告，具体方式需要根据实际情况进行选择。

1.2.2　MPI 分析序列

如图 1-9 所示为部分分析序列。考察缩痕指数、体积收缩率和翘曲量等因素，可以通过设置分析序列达到效果。具体内容如下。

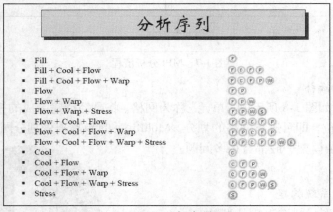

图 1-9　分析序列

1. Fill——充填

Fill 即中文"充填"的意思。对于该项内容需要注意以下几方面：

（1）优化产品的充填。

（2）平衡流道系统或初步确定其尺寸。

（3）可能的保压条件。

2. Cool——冷却

Cool 即中文"冷却"的意思。对于该项内容需要注意以下几方面：

（1）尽量降低温差。

（2）不用 Filling 结果作为 Cool 的输入。

3. Flow——流动

Flow 即中文"流动"的意思。对于该项内容需要注意以下几方面：

（1）优化保压条件。

（2）用 Cooling 分析的结果再进行 flow 分析，因为 Cooling 可能对 Packing 结果有较大影响。

4. Warp——翘曲

Warp 即中文"翘曲"的意思。对于该项内容需要注意以下几方面：

（1）确定翘曲类型，这里需要注意，它只针对 midplane。

（2）确定翘曲量。

（3）确定翘曲原因。

（4）优化条件，减少翘曲。

从充填到冷却，再到流动，然后到翘曲，这些都是可供选择的序列，合理的序列形式，将影响各序列的分析结果。

1.2.3 MPI 操作界面介绍

MPI 提供了整套的工具为客户进行全方位的分析，包括确定塑胶材料，确定浇口位置，平衡浇注系统，评估冷却系统，优化生产周期，发现和控制产品产生的流痕、缩水及翘曲等缺陷。下面开始介绍 MPI 的操作界面。

1. 界面

如图 1-10 所示是一个 MPI 的截图界面。从图中可以看出操作的文件内容并包含有 MPI 的各项功能按钮以及菜单项。

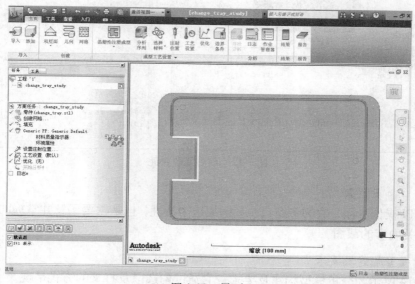

图 1-10　界面

2. 工作环境

MPI 便捷的工作环境是它被人们接受并喜欢的原因之一。其工作环境如图 1-11 所示。

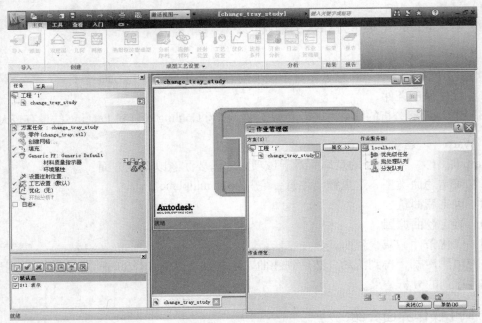

图 1-11　工作环境

3. 处理功能

如图 1-12 所示为 Moldflow 的前后处理功能。

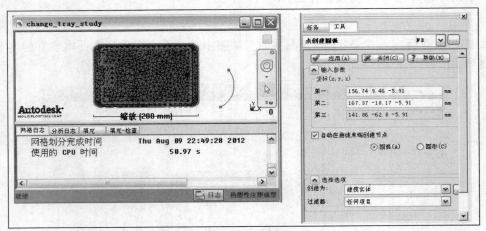

图 1-12　前后处理功能

4. 多窗口、多框架

关于 MPI 操作界面，它的多窗口、多框架这个特性，也是需要了解并掌握的。如图 1-13 所示是其相关内容的截图。

5. 分析模型构建及要求

如图 1-14 所示为分析模型构建及要求，它通过勾选以及打叉的方式呈现。

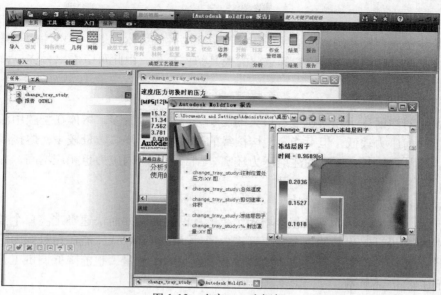

图 1-13　多窗口、多框架

About supported model import formats

The following table provides a summary of the model formats that can be imported into MPI. For more information about a particular file format, for example supported entities, versions, and translation hints, click on the link provided.

File Format	Recognized file extensions	MPI*	MDL+
STEP #	.stp, .step	✗	✓
Catia V5 #	.CATPart	✗	✓
Parasolid #	.x_t, .x_b, .xmt_txt, .xmb, .xmt	✗	✓
Pro/Engineer #	.prt	✗	✓
IGES - MPI support - MDL support #	.igs, .iges	✓	✓
ANSYS Prep 7	.ans	✓	✗
I-DEAS Universal	.unv	✓	✗
NASTRAN Bulk Data	.bdf	✓	✗
PATRAN Neutral	.pat, .out	✓	✗
Stereo-lithography	.stl	✓	✗

\# Preferred formats for importing geometry data.
* Tick indicates standard support for this file format in MPI
\+ Tick indicates support for this file format once MDL add-in has been installed

Note: When saving your model in one of the file formats supported by MPI, ensure that the extension given to the file matches one of those recognized by MPI, as indicated in the table above.

图 1-14　分析模型构建及要求

1.3　Moldflow 基本原理

　　Moldflow 的基本原理可以从注塑成型和流动行为两部分着手认识。下面通过介绍 Moldflow 的设计原则，以及注塑成型、流动行为等内容，全面地认识 Moldflow 的基本原理。

1.3.1　Moldflow 设计原则

　　Moldflow 的设计原则包括浇口数目、浇口位置、流动形态、流道设计和分析顺序等，如图 1-15 所示。

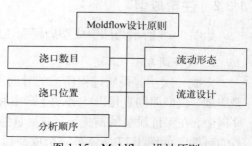

图 1-15　Moldflow 设计原则

1. 浇口

浇口是注塑成型模具的浇注系统中连接流道和型腔的熔体通道。注塑件的质量，在很大程度上取决于浇口数量、浇口位置等重要的模具结构参数。由此可以看出，浇口设计对注塑件质量的影响尤为重要。

(1) 浇口数目

浇口数量对注射压力和熔接线有很大的影响。浇口数量较多，熔体在型腔中流动的流程较短，所需注射压力较低，但可能会使熔接线的数目增多。浇口数量较少，熔接线的数目可能会减少，但流程较长，所需的注射压力较高，制品的残余内应力也相应增高，并可能会导致注塑件产生翘曲变形。

(2) 浇口位置

随着产品的尺寸和结构复杂程度增大，在模具设计期间如何快速确定浇口个数及具体位置成为困扰模具设计工程师的一个重要因素。通过 Moldflow 软件能在短时间内给出一个量化的浇口个数及浇口位置，可以减少模具设计工程师的工作量，也能降低调机工艺师的调机难度，进而提高产品质量。

2. 流动形态

关于流动形态，需要注意以下两个方面的内容。

(1) 尽量使流动波前朝同一方向直线前进。

(2) 不应出现滞流、潜流或熔接线等问题。

浇口数目、浇口位置和流动形态这 3 个方面可以视为制件的优化，不能孤立地进行，而应综合考虑。当添加浇口时，必须考虑到新添加的浇口对流动平衡和填充路径的影响。模具的布局和浇口位置的限制也须考虑。

3. 流道设计

关于流道设计，需要注意以下 3 个方面的内容。

(1) 应有助于达成在模穴中所需的充填形态。

(2) 对较大的多浇口制件，流道尺寸设计应有助于获得所期待的流动形态。

(3) 流道应平衡，并有最小体积。

流道设计应完善制件的优化，设计的流道不应影响制件的成型周期或成型工艺窗口大小。

4. 分析顺序

Moldflow 的分析顺序为填充→冷却→流动→翘曲，各阶段分工不同，其相应的作用也是不一样的。

1.3.2 注塑成型

如图 1-16 所示为注塑成型周期和注塑成型过程。

1. 成型周期

完成一次注射模塑过程所需的时间称为成型周期，也称模塑周期。成型周期直接影响劳动生产率和设备利用率。在生产过程中，在保证质量的前提下，应尽量缩短成型周期中各个环节的时间。如图 1-17 所示是一个成型周期的时间分布图。

注塑成型 ⎰ 注塑成型周期
⎱ 注塑成型过程

图 1-16　注塑成型

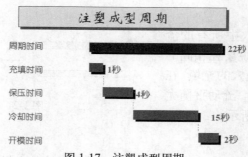

图 1-17　注塑成型周期

2. 成型过程

注塑成型过程可以分为 6 个阶段，包括合模、注射、保压、冷却、开模、制品取出，如图 1-18 所示。

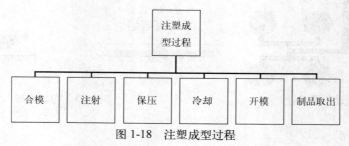

图 1-18　注塑成型过程

上述工艺反复进行，就可以连续生产出制品。热固性塑料和橡胶的成型也包括同样的过程，但料筒温度较热塑性塑料的低，注射压力却较高，模具是加热的，物料注射完毕在模具中需经固化或硫化过程，然后趁热脱膜。

1.3.3　流动行为

流动行为是指在注塑成型模具中塑料分子的运动情况。除此之外，在过程中还需要非常注重流动平衡和均匀冷却的相关内容。

流动行为如图 1-19 所示，分为喷泉流动和剪切流动。

1. 喷泉流动

喷泉流动描述塑胶分子在模具中的流动形态，与塑胶的流变性能及其长分子链有关，会直接影响到表面的分子形态和纤维配向。如图 1-20 所示。

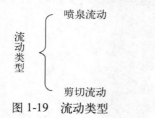

图 1-19　流动类型

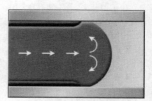

图 1-20　喷泉流动

2. 剪切流动

剪切流动是熔融流体在外力下的相对滑动，如图 1-21 所示。由剪切流动产生的热输入和进入模具的热损失之间应当是平衡的。

3. 流动平衡

流动平衡是指在模穴中所有的流动路径必须平衡,也就是说要在相同的时间相同的压力下完成模穴的充填。在设计人工平衡流道系统时,流动平衡尤其需要注意,如图 1-22 所示。

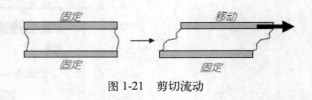

图 1-21 剪切流动

4. 均匀冷却

当塑料接触到模具时,一边是冷的,另一边是热的,这将会导致热的一侧需要比较长的时间冷却和收缩,如果收缩幅度大,就会导致热的一边像弓一样弯曲。如图 1-23 所示为冷却是否均匀的相关效果。

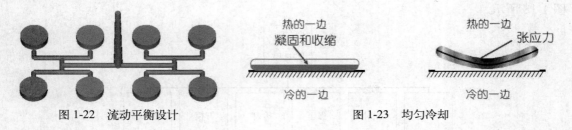

图 1-22 流动平衡设计   图 1-23 均匀冷却

1.4 习题

一、填空题

1. Moldflow 的应用主要有制作_____、模具_____、注塑_____ 3 个方面。
2. MPI 分析序列中的 Fill 中文指_____、Cool 中文指_____、Flow 中文指_____、Warp 中文指_____。
3. 流动行为可以有_____流动和_____流动之分。

二、简答题

1. 简述 Moldflow 的作用有哪些以及使用此软件的好处。
2. 在进行产品设计时,要经常用到流道。对于流道设计需要注意哪 3 个方面的内容?
3. 简述 Moldflow 的设计原则? 其主要包括哪几方面的内容?

第 2 章　Moldflow 2012 基本操作

 内容提要

本章介绍 Moldflow 2012 的基本操作，包括模型休整的操作方法、材料的选择、成型条件的设定以及使用 Moldflow 创建模型等。

2.1　检查输入资料的正确性

输入 Moldflow 中的资料是否正确，需要通过模型、原料、成型条件 3 个方面来考核。只有分别对这几项条件进行核查，并符合制件需要后，才能保证后续制作完成的产品质量。同时，帮助用户掌握跟进一系列的数据分析。

2.1.1　模型

在使用 Moldflow 进行模流分析前，需要将 Moldflow 的成品图，以实体模型的形式输入其中。

（1）鼠标双击桌面上的 Moldflow 软件图标启动软件。

（2）单击其中的【入门】/【导入模型】命令，如图 2-1 所示。

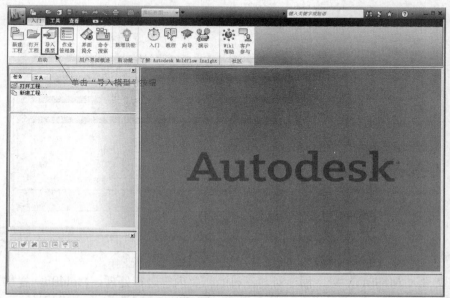

图 2-1　菜单选项

（3）在弹出的如图 2-2 所示的【导入】对话框中，选择需要导入 Moldflow 软件的模型。

除了用导入模型的方法外，也可以通过打开已有工程的方法进行模具内容的添加。在【导入】对话框中执行【打开】命令后，如果选择的不是模型，系统将出现如图 2-3 所示的【导入-创建/打开工程】对话框。单击选中【打开已有工程】单选按钮，执行【打开】命令，在接着弹出的对话框中选择合适的已经创建的工程文件即可。

图 2-2 【导入】对话框

图 2-3 【导入-创建/打开工程】对话框

（4）单击【打开】按钮，实现模型的导入，如图 2-4 所示。

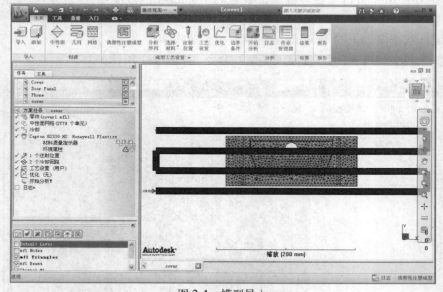

图 2-4 模型导入

2.1.2 原料

将模型导入 Moldflow 后，需要对其原料的相关内容进行处理。Moldflow 提供了预先输入的一些原料供选择，如果这些都不符合需要，还可以根据实际的内容进行输入。

1. 关于原料

如图 2-5 所示为原料的相关内容。需要注意以下 3 个方面。

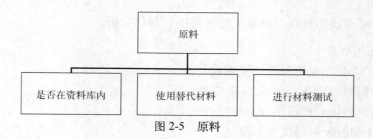

图 2-5　原料

（1）是否在资料库内

确认原料是否在 Moldflow 的资料库，如果有，可以根据提供的功能进行选择，如果没有，需要选择相近或者相似的作为替代材料，或者添加新材料等。

（2）使用替代材料

当资料库内没有可供选择的材料时，建议使用替代材料将其替代。当然，在替代时一定要把握好该替代材料是否可以替代。

（3）进行材料测试

如果材料选择好了，就可以使用软件来进行模拟的构建，以确认材料是否合格，同时掌握制件的相关情况。

2. 解决方案

在初步了解材料的相关内容之后，针对软件材料库中的材料状态，需要分别对它们进行处理。

（1）是否在资料库内

Moldflow 提供了一个丰富的材料数据库，并且包含相应材料的详细信息，有助于确定注塑成型工艺条件。

（1）执行如图 2-6 所示的【主页】/【成型工艺设置】/【选择材料】命令。

（2）在打开的【选择材料】对话框中，查看制作所需要的材料是否在材料库。打开【指定材料】单选按钮下面的【制造商】下拉列表，或者【牌号】下拉列表，查找已经在库中的材料。如图 2-7 所示。

图 2-6　选择材料

图 2-7　【选择材料】对话框

（2）使用替代材料

如果在材料库中没有找到所需要的材料，那么可以使用替代材料。选用性能相近的替代材料，一定要由原材料厂商的技术人员确定，不能自己随便选定。

（3）进行材料测试

胶料供应商不可能会提供适用于 Moldflow 分析的参数，只能提供一些诸如胶料密度、mfr、强度、防火等级等物理性能。Moldflow 公司有材料测试服务，用户可以通过此服务对材料进行测试。

可以对 Moldflow 材料库进行编辑，但执行难度较大，PVT 和 WLF 方程所需要的参数很难获得。一般可以寻找与目标材料相近的材料进行替代分析。

  3. 选择的优先顺序

（1）直接在 Moldflow 材料库中搜索选用。

（2）联系原材料供应商，要求*.udb 文件。

（3）要求原材料供应商提供详细材料性能。

（4）通过 Moldflow 材料实验室测试。

（5）选用性能相近的替代材料。

2.1.3　成型条件

  输入模型、选择合适的原料是成型的前期准备工作。为了使制作出来的成品符合客户的需要，并减少重复的工序，可以通过 Moldflow 设置成型条件进行相应的控制。

  Moldflow 中提供了如图 2-8 所示的各项功能，包括热塑性注塑成型、热塑性塑料重叠注塑、气体辅助注射成型、共-注成型、注-压成型、反应注射-压缩成型、反应成型、微芯片封装、微发泡注射成型、传递成型或结构反应成型、底层覆晶封装和多料筒反应成型等。

  在 Moldflow 中，可以在如图 2-9 所示的【主页】/【成型工艺设置】/【热塑性注塑成型】命令中选择成型项，也可以用同样的方法，分别选择【成型工艺设置】中的其他成型项。

图 2-8　成型

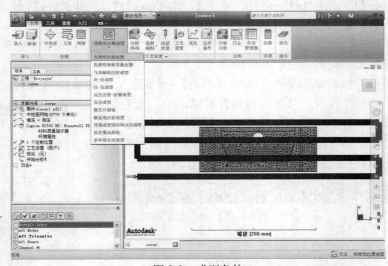

图 2-9　成型条件

  现场实际的成型条件与模流分析的加工条件设定常因认知上的不同，或相关资讯的不足，造成模流分析的加工条件设定错误，进而得到错误的分析结果，导致使用者产生错误的判断。当确认模型输入正确，选择适当的原料，成型条件合理，并且被软件许可通过之后，也就表明前期的这些资料都是正确的，可以进行后续的工作了。

2.2　模型导入与修复

  在设计塑料产品时，出于工艺性或者安全规范要求，在产品尖锐处及外表面的棱边通常要做倒圆角处理。倒圆角对实际注塑成型有利，但对 Moldflow 的网格划分却是不利，尤其是对于 fusion 网格，会严重降低网格匹配率及增加网格数量。此外，将零件上一些不重要的小特征去掉对于分析结果来说微乎其微，却可以极大地提高网格质量与分析运算效率。为了提高几何模型的处理效率，CAD Doctor 这一强有力的工具软件是很好的帮手。

2.2.1　模型导入

在对模型进行修整之前，需要将其置于 Autodesk Moldflow CAD Doctor 软件中。

（1）打开如图 2-10 所示的 CAD Doctor 软件，执行【文件】/【导入】命令，进行模型导入的相关操作。

（2）在弹出的【导入】对话框中，在【文件名】下拉列表框中输入要导入的 ".igs" 文件，并在【文件类型】和【查找范围】下拉列表框中分别输入对应内容，如图 2-11 所示。

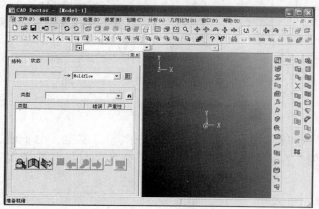
图 2-10　CAD Doctor

图 2-11　【导入】对话框

（3）执行【导入】对话框中的【打开】命令，完成模型导入，如图 2-12 所示。

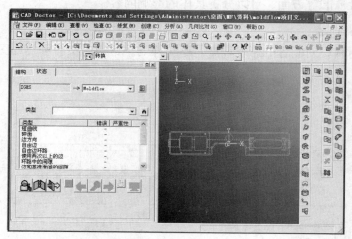
图 2-12　模型导入

2.2.2　修复

将模型导入 CAD Doctor 后，可以对它进行相应的修复。

(1) 在打开的 CAD Doctor 软件中，执行如图 2-13 所示的【检查】命令，系统只会认可符合工程设计以及规则需要的模型。

(2) 在执行检查被系统通过后，此时【检查】按钮右边的【缝合】按钮自动呈灰色的不工作状态。执行如图 2-14 所示的【修复】命令，对模型进行修复。

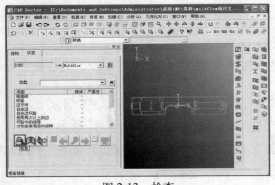
图 2-13　检查

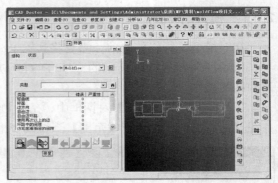
图 2-14　修复

2.3　材料选择

Moldflow 软件一直主导塑胶成型 CAE 软体市场。近几年来，在汽车、家电、电子通信、化工和日用品等领域得到了广泛应用。在进行操作时，应严格区分各种材料并选择实用的材料。

2.3.1　材料的选择对制程的影响

材料的选择对制程存在着影响。通过了解塑胶材料的种类、塑胶在模具内的流动模式、流动性质和温度性质的等方面，可以分析具体的影响内容。

1. 塑胶材料的种类

不同的塑胶材料，对制程的影响程度是不一样的。常用的塑料种类如图 2-15 所示。

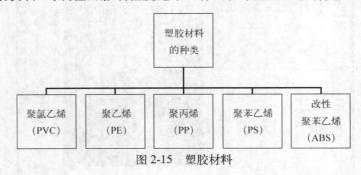
图 2-15　塑胶材料

(1) 聚氯乙烯（PVC）

是建筑中用量最大的一种塑料。硬质聚氯乙烯的密度为 $1.38 \sim 1.43 \mathrm{g/cm^3}$，机械强度高，化学稳定性好，使用温度范围一般在 $-15℃ \sim +55℃$ 之间，适宜制造塑料门窗、下水管、线槽等。

（2）聚乙烯（PE）

在建筑上主要用于排水管、卫生洁具。

（3）聚丙烯（PP）

密度在所有塑料中是最小的，约为 $0.9g／cm^3$ 左右。常被用来生产管材、卫生洁具等建筑制品。

（4）聚苯乙烯（PS）

为无色透明类似玻璃的塑料，在建筑中主要用来生产泡沫隔热材料、透光材料等制品。

（5）改性聚苯乙烯（ABS）

由丙烯腈（A）、丁二烯（B）和苯乙烯（S）为基础的三部分组成。可制作压有花纹图案的塑料装饰板等。

2. 塑胶在模具内的流动模式

塑胶在模具内有一定的流动模式，如图 2-16 所示。

3. 流动性质的影响

图 2-16　塑胶在模具内的流动模式

流动与冷却过程是指用螺杆或柱塞将具有流动性和温度均匀的塑料熔体注射到模具并将型腔注满，塑料熔体在一定的成型工艺条件下冷却定型，最后制品从模具型腔中脱出，一直冷却到与环境温度一致的过程。这个过程所经历的时间虽然短，但是塑料熔体在其间所发生的变化很多，而且这些变化对制品的质量影响很大。

4. 温度性质的影响

塑胶的温度特性包括塑胶吸热的能力和传热的能力。温度影响塑料的流动和冷却。冷却效率同样受通过模具材料到冷却通道间的传热的影响。注塑过程需要控制的温度有料筒温度、喷嘴温度和模具温度等，如图 2-17 所示。

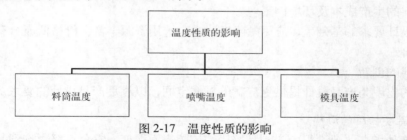

图 2-17　温度性质的影响

（1）料筒温度：料筒温度主要影响塑料的塑化和流动。每一种塑料都具有不同的流动温度（熔化温度）和分解温度。即使是同一种塑料，由于来源或牌号不同，它的流动温度（熔化温度）及分解温度也是有差别的，因而设定的料筒温度也不相同。

（2）喷嘴温度：一般把喷嘴温度设置在略低于料筒最高温度的水平，这是为了防止熔料在直通式喷嘴中可能发生的"流涎现象"和防止熔料过受热而分解。但是喷嘴温度也不能过低，否则可能会造成熔料冷凝而将喷嘴堵死，或者由于冷凝料注入模腔而影响制品的外观和性能。

（3）模具温度：模具温度对制品的内在性能和表观质量影响很大。模具温度的高低决定于塑料有无结晶性、制品的结构与尺寸、性能要求以及其他工艺条件（熔料温度、注射速度及注射压力、模塑周期等）。

2.3.2 材料的选择对产品功能的影响

材料的选择同样对产品功能存在着影响。这些影响包括材料的特性、材料温度性质、材料机械性质和添加纤维对材料的影响。

1. 材料的特性
对于材料的特性，可以从如图 2-18 所示的 5 个方面内容来考查。

图 2-18　材料的特性

其相关因素主要包括：

（1）材料的外观

应根据材料的感观特性，依据产品的造型特点、民族风格、区域特征等，选择不同质感、不同风格的材料。

（2）材料的固有特性

有关材料的固有特性，应满足产品功能、使用环境、作业条件和环境保护的需要。

（3）材料的工艺性

材料应具有良好的工艺性能，符合造型设计中成型工艺和表面处理的要求，并与加工设备及生产技术相适应。

（4）材料的生产成本及环境因素

在满足设计要求的基础上，应尽量降低成本，选用资源丰富、价格低廉、有利于生态环境保护的材料。

（5）材料的创新

新材料的出现为产品设计提供更广阔的领域空间，以满足产品设计的要求。

2. 材料温度性质的影响
模具温度是指在注塑过程中与制品接触的模腔表面温度，它会直接影响到制品在模腔中的冷却速度，从而对制品的内在性能和外观质量产生很大的影响。相关内容如图 2-19 所示。

图 2-19　材料温度性质的影响

（1）模具对产品外观的影响

较高的模温可以改善树脂的流动性，从而使制件表面平滑、有光泽，特别是可以提高玻纤增强型树脂制件的表面美感，同时还可以改善融合线的强度和外表。对于蚀纹面，如果模温较低的话，融体较难充填到纹理的根部，会使制品表面显得发亮，"转印"不到模具表面的真实纹理，必须提高模具温度和材料温度才可以使制品表面得到理想的蚀纹效果。

（2）对制品内应力的影响

成型内应力的形成基本上是由于冷却时不同的热收缩率造成。当制品成型后，它的冷却是由表面逐渐向内部延伸，表面首先收缩硬化，然后渐至内部，在这个过程中由于收缩快慢之差而产生内应力。当塑件内的残余内应力高于树脂的弹性极限，或者受一定的化学环境侵蚀时，塑件表面就会产生裂纹。

模温是控制内应力最基本的条件，模温稍许的改变，就会对它的残余内应力产生很大的影响，每一种产品和树脂的可接受内应力都有其最低的模温限度。而成型薄壁或材料流动距离较长时，其模温应比一般成型时的最低限度要高些。

（3）改善产品翘曲

如果模具的冷却系统设计不合理或模具温度控制不当使塑件冷却不足，都会引起塑件翘曲变形。对于模具温度的控制，应根据制品的结构特征来确定阳模与阴模、模芯与模壁、模壁与嵌件间的温差，从而利用控制模塑各部位冷却收缩速度的不同，塑件脱模后更趋于向温度较高的一侧牵引方向弯曲的特点，来抵消取向收缩差，避免塑件按取向规律翘曲变形。对于形体结构完全对称的塑件，模温应相应保持一致，使塑件各部位的冷却均衡。如图 2-20 所示为成型翘曲效果。

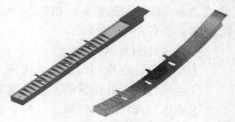

图 2-20 品翘曲

（4）影响制品的成型收缩率

较低的模温会使分子"冻结取向"加快，使得膜腔内熔体的冻结层厚度增加，同时低模温会阻碍结晶的生长，从而降低制品的成型收缩率。相反，模具温度高，则熔体冷却缓慢，松弛时间长，取向水平低，同时有利于结晶，产品的实际收缩率会较大。

（5）影响制品的热变形温度

对于结晶体塑料，如果产品在较低的模温下成型，分子的取向和结晶会被瞬间冻结，当处于一个较高温的使用环境或二次加工条件下，其分子链会进行部分重新排列和结晶的过程，使得产品在甚至远低于材料的热变形温度（HDT）下变形。正确的做法是：使用所推荐的接近其结晶温度的模温生产，使产品在注塑成型阶段就得到充分的结晶，避免这种在高温环境下的后结晶和后收缩。

总之，模具温度在注塑成型工艺中是最基本的控制参数之一，同时在模具设计中也是首要考虑的因素。它对制品的成型，二次加工和最终使用过程的影响是不可低估的。

3. 材料机械性质的影响

在进行分析时，还需要考虑到机械加工对机械工程材料性能的影响。例如，通常碳化硅基复合材料的制备过程包括纤维预制体成型、高温处理、中间相涂层、基体致密化，但对于在氧化条件中长期使用的碳/碳化硅材料，有时还应包括抗氧化处理等。

4. 纤维对材料的影响

关于纤维对材料的影响，有下列内容可供参考：

（1）木/塑纤维复合材料中，添加一定比例的聚丙烯纤维，有助于改善材料的模压性能，但会导致复合材料成型板材物理力学性能下降。

（2）对聚丙烯纤维进行预处理后有利于提高复合材料成型板材的物理力学性能。

（3）添加预处理剂对木/塑纤维复合材料的形稳性、滞燃性和模压性无显著影响。

2.3.3 塑料其他相关内容（塑料的类型、流动、黏度）

除了上述影响，对于塑料制件来说，塑料的类型、流动、黏度等相关内容同样存在影响。塑料的类型已在前文中介绍。塑料的流动和黏度的具体内容如下：

1. 流动

流动性是塑料成形中一个很重要的因素。流动性好的塑料易长毛边，设计时配合的间隙、气槽的深度等要根据不同材料的流动性设计尺寸。

（1）热对流

热通过流动介质（气体或液体）将热量由空间中的一处传到另一处，即由受热物质微粒的流动来传播热能的现象。根据流动介质的不同，可分为气体对流和液体对流。影响热对流的因素主要有：

①通风孔洞面积。

②温度差：热由高向低方向传导。

③通风孔洞所处位置的高度：越高对流越快。

④液体对流：导热效果比较好。原因在于液体比热要大些，所以温差大，导热快。

2. 流动性大小

热塑性塑料流动性大小，一般可从分子量大小、熔融指数、阿基米德螺旋线流动长度、表现黏度及流动比（流程长度/塑件壁厚）等一系列指数进行分析。分子量小，分子量分布宽，分子结构规整性差，熔融指数高、螺流动长度长、表现黏度小、流动比大的则流动性就好。对同一品名的塑料必须检查其说明书判断其流动性是否适用于注塑成型。按模具设计要求大致可将常用塑料的流动性等级分为三类：

①流动性好：PA、PE、PS、PP、CA、聚（4）甲基戊烯。

②流动性中等：聚苯乙烯系列树脂（如 ABS、AS）、PMMA、POM、聚苯醚。

③流动性差：PC、硬 PVC、聚苯醚、聚砜、聚芳砜、氟塑料。

3. 黏度

塑料黏度是指塑料熔融流动时大分子之间相互摩擦系数的大小，是塑料加工性能最重要的基本概念之一，是对流动性的定量表示。它是塑料熔融流动性高低的反映，即黏度越大，熔体黏性越强，流动性越差，加工越困难。塑料黏度的大小与塑料熔融指数大小成反比。塑料黏度随塑料本身特性、外界温度、压力等条件变化而变化。影响黏度的因素有熔体温度、压力、剪切速率以及相对分子质量等。

（1）受温度的影响

塑料的黏度受到温度的影响，不同的塑料黏度受温度的影响程度不同。聚甲醛对温度的变化最不敏感，其次是聚乙烯、聚丙烯、聚苯乙烯，最敏感的要数乙酸纤维素，表 2-1 中列出了一些常用塑料对于温度的敏感程度。黏度非常敏感的塑料，温控十分重要，否则黏度变化较大，会使操作不稳定，影响产品质量。

表 2-1　一些塑料黏度受温度的影响程度

塑料类型	CA	PS	PP	PE	POM
对温度敏感度	最高	较高	高	一般	差

　　在实际应用中，对于温度敏感性好的熔体，可以考虑在成型过程中提高塑料的成型温度来改善塑料的流动性能，如 PMMA、PC、CA、PA。提高温度必须受到一定条件的限制，即成型温度必须在塑料允许的成型温度范围之内，否则，塑料就会发生降解。利用活化能的大小来表达物料的黏度和温度的关系，有定量意义。表 2-2 为一些塑料在低剪切速率下的活化能。

表 2-2　一些塑料的活化能

塑料类型	HDPE	PP	LDPE	PS	ABS	PC
活化能	26.5-29.4	37.8-40	49.1	105	88.2-109.2	109.2-126

　　（2）受压力的影响

　　塑料熔体内部的分子之间、分子链之间具有微小的空间，即所谓的自由体积。因此塑料是可以压缩的。

　　注射过程中，塑料受到的外部压力最大可以达到几十甚至几百 MPa。在此压力作用下，大分子之间的距离减小，链段活动范围减小，分子间距离缩小，分子间的作用力增加，致使链间的错动更为困难，表现为整体黏度增大。但是不同塑料在同样的压力下，黏度的增大程度并不相同。压力过高，会出现制品变形等注塑缺陷，导致功率过度消耗；但压力过低又会造成缺料。例如对于很多塑料，当压力增加到 100 MPa 时，其黏度的变化相当于降低温度 30℃～50℃ 的作用。常用塑料对于压力的敏感程度如表 2-3 所示。

表 2-3　压力对塑料熔体黏度的影响

序号	塑料类型	熔体温度	压力变化范围（MPa）	黏度增大倍数
1	PS	196	0-126.6	134
2	PS	180	14-175.9	100
3	PE	149	0-126.6	14
4	HDPE		14-175.8	4.1
5	LDPE		14-175.8	5.6
6	MDPE		14-175.8	6.8
7	PP		14-175.8	7.3

　　（3）受剪切速率的影响

　　在一定的剪切速率范围内，提高剪切速率会显著降低塑料的黏度，改善其流动性能。尽管如此，也应该选择在熔体黏度对剪切速率不太敏感的范围进行工艺调整，否则因为剪切速率的波动，会造成加工不稳定和塑料制品质量上的缺陷。几种常用塑料的黏度对于剪切速率的敏感性如表 2-4 所示。

表 2-4　剪切速率对塑料熔体黏度的敏感性影响

序　号	塑料类型	敏感度
1	ABS	
2	PC	
3	PMMA	
4	PVC	对剪切的敏感度依次降低
5	PA	
6	PP	
7	PS	
8	LDPE	

（4）受塑料结构的影响

对于塑料，在给定温度下随着相对平均分子质量的增大，塑料的黏度也会增大。相对分子质量越大，分子间作用力越强，于是黏度也越高。塑料的相对分子质量越小，黏度对于剪切速率的依赖程度越小；分子量越大，黏度对于剪切速率的依赖程度越大。分子量分布宽的树脂和双峰分子量分布树脂熔体黏度低、加工性优良，因为低分子量链部分有利于提高树脂熔体流动性。

（5）受低分子量添加剂的影响

低分子可降低大分子链间的作用力，起"润滑"作用，因而使熔体黏度减少，同时降低了黏流化温度。如加入增塑剂和溶剂，会使树脂易于充模成型。几种常用塑料改进流动性能的方法如表 2-5 所示。

总之，聚合物熔体黏度的大小直接影响注射成型过程的难易。如控制某塑料成型温度在其分解温度以下，剪切速率为 103 秒-1 时，熔体黏度为 50～500 帕－秒，注射成型较容易。但如果黏度过大，就要求有较高的注射压力，制品的大小也会受到限制，而且制品还容易出现缺陷；如果黏度过小，溢模现象严重，产品质量也不容易保证，在这种情况下要求喷嘴有自锁装置。

表 2-5　用塑料改进流动性能的方法

塑料类型	改进方法	塑料类型	改进方法
PE	提高螺杆速度	PS	选非结晶型牌号
PP	提高螺杆速度	ABS	提高温度
PA	提高温度	PVC	提高温度
POM	提高螺杆速度	PMMA	提高温度
PC	提高温度		

2.3.4　材料对冷却时间的影响

从机械强度出发，一般选钢材为模具材料。但如果只考虑材料的冷却效果时，则要求选择导热系数高，从熔融塑料上吸收热量迅速，冷却快的模具材料。

1. 冷却时间相关

冷却时间与热传导系统、密度及比热有关，这些性质总和就是材料的热扩散系数。注塑成型过程中，冷却占整个成型过程 70% 的时间，所以冷却时间的变化直接影响到生产效率。热扩散系数，又称热扩散率（即 thermal diffusivity），它的公式如下：

$$\alpha = \lambda / \rho c$$

在上述公式中：α 为热扩散率，λ 指导热系数，ρ 指密度，c 指热容。热扩散率 α 是 λ 与 $1/\rho c$ 两个因子的结合。α 越大，表示物体内部温度扯平的能力越大，因此而有热扩散率的名称。这种物理上的意义还可以从另一个角度来加以说明，即从温度的角度看，α 越大，材料中温度变化传播的越迅速。可见 α 也是材料传播温度变化能力大小的指标，因而有导热系数之称。

由热扩散率的定义可知：

（1）物体的导热系数 λ 越大，在相同的温度梯度下可以传导更多的热量。

（2）分母 ρc 是单位体积的物体温度升高 1℃ 所需的热量。ρc 越小，温度升高 1℃ 所吸收的热量越少，可以剩下更多热量继续向物体内部传递，能使物体各点的温度更快地随界面温度的升高而升高。

2. PVT 特性

在 PVT 特性中，P（即 Pressure Increases）指压力、V（即 Specific Volume）指比容、T（即 Temperature）指温度。用于描述塑胶如何随着压力及温度的变化而发生体积上的变化，如图 2-21 所示。

总之，在充填及保压的阶段，塑胶随着压力的增加而膨胀；在冷却的阶段，塑胶随着温度的降低而收缩。

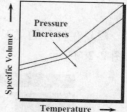

图 2-21 PVT 特性

2.4 成型条件设定

本节将简单介绍成型条件设定的相关内容。

1. 成型条件

模具、成型机、原料以及成型条件这四要素是产品成型的条件，如图 2-22 所示。它对制程存在着不小的影响。

2. 成型条件设定原则

总体设定原则如图 2-23 所示；初始设定原则如图 2-24 所示；设定步骤如下：

图 2-22 成型条件

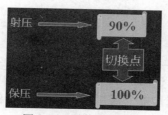

图 2-23 总体设定原则

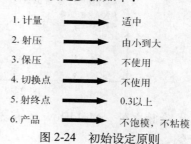

图 2-24 初始设定原则

(1) 打开 Moldflow 软件，执行如图 2-25 所示的【主页】/【成型工艺设置】/【工艺设置】命令。

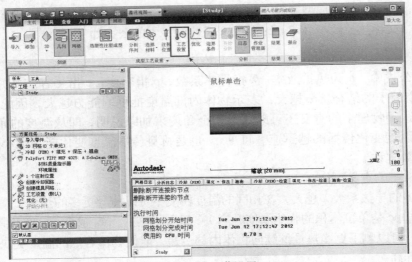

图 2-25　工艺设置

(2) 在打开的【工艺设置向导】对话框中，单击【冷却（FEM）求解器参数】命令按钮，如图 2-26 所示。

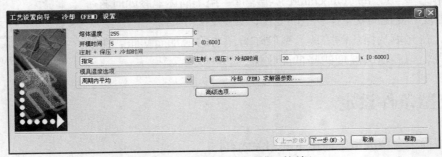

图 2-26　"工艺设置向导"对话框

(3) 在弹出的【冷却（FEM）求解器参数】对话框中进行相关参数的设置。如图 2-27 所示，单击【确定】按钮完成。

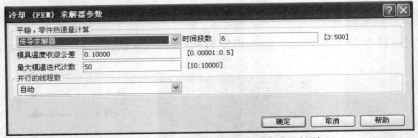

图 2-27　"冷却（FEM）求解器参数"对话框

除此之外，Moldflow 还有充填控制、保压控制等成型条件，将在后面的内容中进行介绍。

2.5　应用实例

本节通过在 Moldflow 中创建如图 2-28 所示分析模型的方法，进一步介绍 Moldflow 的操作。

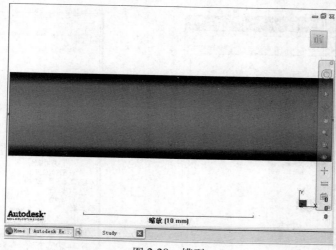

图 2-28　模型

2.5.1　创建文件

1. 创建工程

（1）打开 Moldflow，单击窗口左上角的按钮图标，在弹出的菜单中执行【新建】/【工程】命令，如图 2-29 所示。

（2）在弹出的如图 2-30 所示的【创建新工程】对话框中的【工程名称】文本框中输入 1，在【创建位置】文本框中输入路径，单击【确定】按钮完成工程的创建。

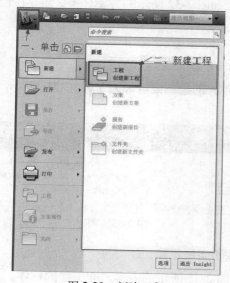

图 2-29　新建工程

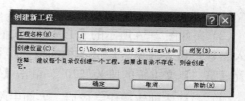

图 2-30　创建新工程

2. 新建方案

完成工程的创建后，接下来需要新建方案。

（1）单击 Moldflow 窗口左上角的按钮图标，在弹出的菜单中执行【新建】/【方案】命令，具体内容如图 2-31 所示。

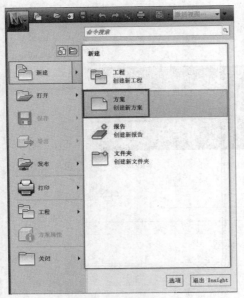

图 2-31　新建方案

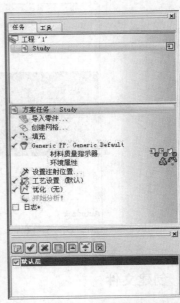

图 2-32　方案任务

打开 Moldflow 进行操作时，如果没有新建工程，其相关的"方案"、"报告"、"文件夹"等功能都是呈灰色显示，即不可用。

（2）在执行新建方案命令后，操作界面中将出现如图 2-32 所示的方案任务，需要在创建或者导入零件后进行相应的设置。

2.5.2　绘制图形

完成了工程和方案的新建后，接着就可以着手零件的绘制或者导入了。在 Moldflow 中绘制模型的方法如下。

（1）在新建完成的工程中，执行【主页】/【创建】/【几何】命令。在如图 2-33 所示的界面中执行【几何】/【创建】/【柱体】命令。

图 2-33　创建

（2）在如图 2-34 所示的【工具】选项卡中，输入参数，设置【第一】文本框的值为"1"，设置【第二】文本框的值为"20"。单击【应用】按钮实现创建。

（3）当柱体创建操作完成后，界面中将出现如图 2-35 所示的内容，即创建的柱体。

图2-34　创建

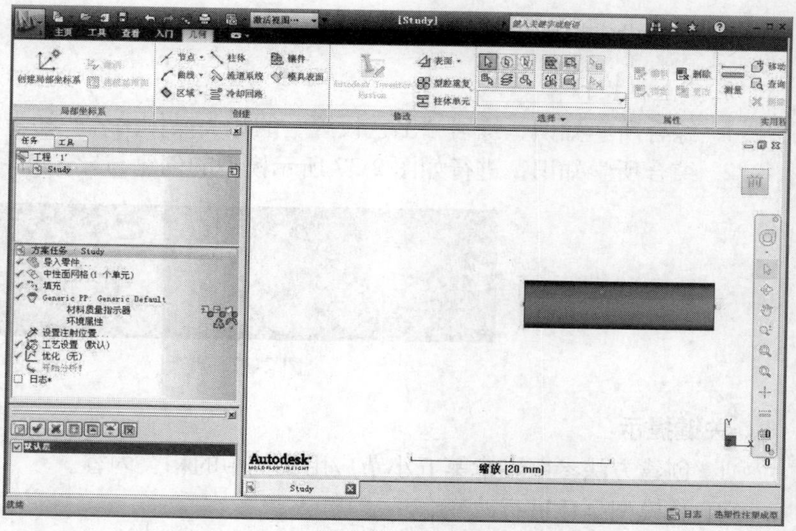

图2-35　柱体

💡 这里创建的柱体，还需要经过网格化等相关处理，才能进行 Moldflow 的分析以及
进一步的操作。

2.5.3　保存

（1）执行如图 2-36 所示的【保存】命令。

（2）在【保存】对话框中进行方案的保存，完成模型的创建。

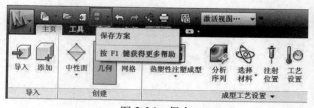

图2-36　保存

2.6　习题

一、填空题

1. 在 Moldflow 中，实现模型导入功能的菜单命令是_____，执行【新建】/_____命令实现工程的创建。

2. Moldflow 中的原料，如果没有在资料库内，可以_____。

3. 执行【主页】/【成型工艺设置】/【热塑性注塑成型】命令，实现_____操作。

二、简答题

1. 简述在 Moldflow 中选择材料的相关顺序。

2. 材料的温度性质对产品功能的影响有哪些方面的内容？

3. 塑胶材料主要有哪些种类？

4. 初始设定原则包括哪几方面的内容？

三、上机操作

1. 综合所学知识，练习"工艺设置"的相关操作内容，初步认识此命令下的各项功能。

2. 综合所学知识，进行如图 2-37 所示模型的创建与导入练习。

图 2-37　模型

关键提示：

1. 创建方法参照本章第五小节应用实例中的相关内容。

2. 将模型颜色进行改变。

第 3 章　Moldflow 网格

　内容提要

本章主要介绍 Moldflow 的网格知识，包括网格修复工具、网格厚度修复操作方法、网格缺陷诊断工具、网格纵横比诊断操作以及网格统计信息等。

3.1　网格修复

网格，即有限元网格，是用简单的图形（如三角形、四面体）描述实体的几何形状而形成的网状连接体，这些简单的图形只在顶点（网格中称其为节点）处连接，它是有限元分析的基础，也是整个数值计算的基础。

网格修复是 Moldflow 操作中一项重要的任务。

3.1.1　网格修复工具

经过网格信息统计，一般会发现网格存在一些问题，此时需要利用 Moldflow 提供的网格编辑工具对缺陷网格进行处理，系统提供有约 20 种修补工具。

1. 使用自动修复向导

使用自动修复向导可以对有缺陷的网格进行处理，具体操作步骤如下：

（1）导入模型并划分网格

执行【新建】/【工程】命令，进行工程的创建。执行【主页】/【导入】/【导入】命令，完成模型的导入。然后执行【主页】/【创建】/【网格】命令，对模型进行网格划分。最终得到如图 3-1 所示的效果。

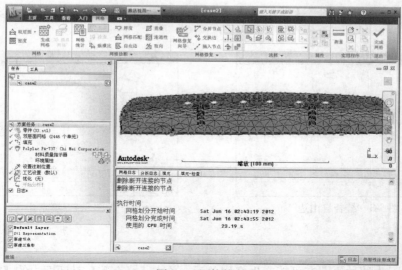

图 3-1　网格模型

（2）使用网格修复向导

在导入模型并完成网格划分后就可以借助 Moldflow 中的"网格修复向导"功能对网格进行处理。执行如图 3-2 所示的【网格】/【网格修复】/【网格修复向导】命令，根据系统提示内容对网格实现修复处理。

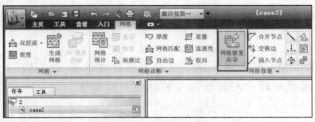

图 3-2　网格修复向导

在使用网格修复向导时，可以对缝合自由边、填充孔、突出、退化单元、反向法线、修复重叠、折叠面和纵横比等内容进行处理与调整。修复完成后，在【摘要】选项卡中将显示上述内容的处理信息。

① 缝合自由边

在 Moldflow 中执行【网格修复向导】命令后，将自动打开如图 3-3 所示的【缝合自由边】对话框。可以根据需要在对话框中进行相应参数的调整与设置，单击【修复】按钮完成"缝合自由边"的修复操作。

"自由边"包括两个面之间间隙过大而形成的自由边和因为面丢失而形成的自由边，所以用自动缝合时，缝合后自由边的数量不可能为零；通常缝合公差的理想范围是 0.025～0.05，一次性自动缝合后剩下的自由边需要手动进行修复。自由边修复为零后，需要进行全方位的自动修复重建，等待 Translation 状态下的全部信息归为零后，方可进行模型简化。

② 填充孔

在【缝合自由边】对话框中根据实际操作需要进行相应的选项设置之后，单击【前进】按钮，系统将自动打开如图 3-4 所示【填充孔】对话框。进行参数设置、执行修复后，完成对其的操作。

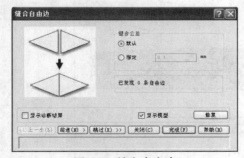

图 3-3　缝合自由边

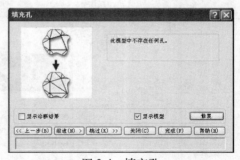

图 3-4　填充孔

③ 突出

在网格中因为种种原因有可能产生突出单元。单击【填充孔】对话框中的【前进】按钮，将打开如图 3-5 所示的【突出】对话框，一些简单的突出单元问题，可以通过此功能进行自动修复。

④ 退化单元

单击【突出】对话框中的【前进】按钮，将打开如图 3-6 所示的【退化单元】对话框，一些简单的退化单元问题，可以通过此功能进行自动修复。

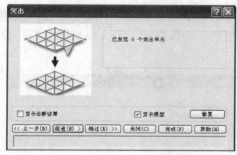

图 3-5　突出

图 3-6　退化单元

当用四边形单元进行网格划分时，结果中还可能包含有三角形单元，这就是单元划分过程中产生的单元"退化"现象。在划分网格时，应该尽量避免使用退化单元。

⑤ 反向法线

单击【退化单元】对话框中的【前进】按钮，将打开如图 3-7 所示的【反向法线】对话框，一些简单的单元取向的问题，可以通过此功能进行自动修复。

模型的表面有正反之分，在模型的每一个网格三角面的正面，引出一条垂线，称之为面的法线。改变法线的方向，也就意味着翻转了表面。

⑥ 修复重叠

对区域进行分区时，若相邻两子域有相互重叠部分，则此分区网格称为重叠网格。在【反向法线】对话框中执行【前进】命令，将打开如图 3-8 所示的【修复重叠】对话框，一些简单的网格重叠的问题，可以通过此功能进行自动修复。

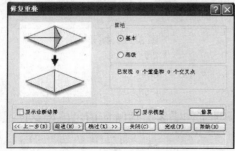

图 3-7　反向法线

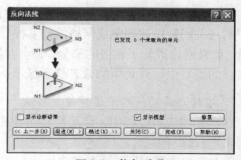

图 3-8　修复重叠

⑦ 折叠面

通过单击【修复重叠】对话框中的【前进】按钮，可以打开如图 3-9 所示的【折叠面】对话框，一些简单的关于折叠面的问题，可以通过此功能进行自动修复。而通过其中的"信息"以及"诊断"下面显示的内容，可以了解修复结果。

⑧ 纵横比

单击【折叠面】对话框中的【前进】按钮，可以打开如图 3-10 所示【纵横比】对话框，纵横比的相关内容可以通过此功能进行自动修复，包括平均纵横比、最大纵横比、最小纵横比等比例的调整。

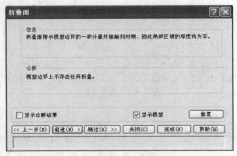

图 3-9　折叠面

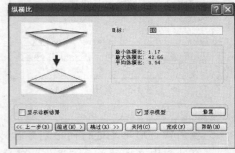

图 3-10　纵横比

纵横比是指一个图像的宽度除以它的高度所得的比例。包括一个物体的水平宽度除以垂直高度所得比例值，或一个物体的垂直高度除以水平宽度所得的比例值。纵横比是模型划分网格后的质量标准之一（如 Moldflow 对模型划分网格），一般小于等于 6：1。

⑨ 摘要

完成上述各项修复操作之后，系统将自动对网格进行修复处理。执行【纵横比】对话框中的【前进】功能将出现如图 3-11 所示的【摘要】对话框，它用来显示之前操作的信息统计，包括修复的单元数和修改的单元数。

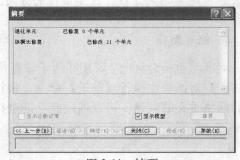

图 3-11　摘要

上述所有操作完成后，单击【摘要】对话框中的【关闭】按钮即完成网格的修复操作。此时，如果网格进行了相应的修复，将会在操作窗口的模型中，对其中的效果给予显示。

2．根据产品的问题来选择修复方法

在实际的应用过程中，自动修复向导往往不能满足工作需要。这时应该考虑根据产品的问题来选择修复方法。

例如，当需要对网格中的"自由边"进行修复时，如果自动修复功能不能满足实际需要，就可以选择使用"修改自由边的工具"对产品进行修复。

在 Moldflow 中，完成导入模型划分网格后，单击如图 3-12 所示的【自由边】命令按钮，可以根据其中的操作步骤，首先进行自由边的诊断。

接着根据诊断得到的相关内容，执行【网格】/【网格修复】中如图 3-13 所示的命令按钮对自由边进行缝合等处理。

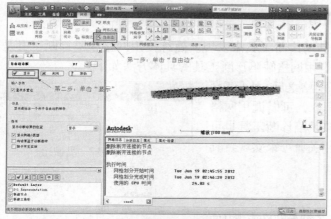

图 3-12 诊断自由边

图 3-13 网格修复

3.1.2 网格厚度修复操作

在进行厚度修复之前，需要针对"网格厚度"进行诊断。操作方法如下：

（1）执行如图 3-14 所示的【网格】/【网格诊断】/【厚度】命令。

（2）在弹出的【工具】选项卡中的"最大"、"最小"两个文本框中进行参数设置，如图 3-15 所示。

图 3-14 厚度

图 3-15 工具

（3）单击【工具】选项卡中的【显示】命令按钮，模型的相关厚度内容将显示在窗口中，如图 3-16 所示。根据"诊断"得到的相关数值，结合实际的分析需要，可以有针对性地进行最优参数值的调整操作，并最终完成网格的修复。

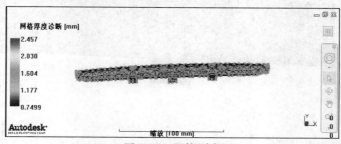

图 3-16 网格厚度

3.2 网格缺陷诊断工具

对划分完的网格进行缺陷诊断和修复是很重要的，只有诊断出并修复好网格问题后，才能够使后续的工作顺利地进行下去。

3.2.1 网格缺陷诊断工具的调用

各种各样的网格缺陷，需要借助诊断工具来发现。熟练使用网格缺陷诊断工具是学习 Moldflow 必须掌握的技能之一。调用网格缺陷诊断工具的具体方法如下：

在打开的 Moldflow 中划分好网格之后，执行【网格】/【网格诊断】/【纵横比】命令，可以调用网格中的纵横比诊断工具。其他的网格缺陷诊断工具也可以通过【网格诊断】选项卡下的相关命令来实现。具体内容如图 3-17 所示。

图 3-17 纵横比

3.2.2 网格纵横比诊断操作

如果网格纵横比过大会出现许多细长网格或者0面积网格，计算结果将不准确。这是由于软件计算时是以网格为单位推算的，因此网格跨越的宽度和长度越接近越好，一般要求为 6:1。但是对于结构复杂的产品，有时候很难修复到这个标准，所以一般涉及充填和流动分析时，做到 20:1 以内即可，如果涉及冷却和翘曲变形分析，能够控制在 10:1 就行，当然这个值越低越好。

图 3-18 纵横比诊断

1．诊断网格纵横比

在调用网格修复工具之后，需要对网格纵横比进行诊断操作，在打开的【工具】/【输入参数】【最小值】文本框中输入参数值 6，单击【显示】命令按钮执行操作，如图 3-18 所示。

系统将显示其相关的参数内容，以便进行调整及相应的判断。如图 3-19 所示是执行后的纵横比诊断结果。

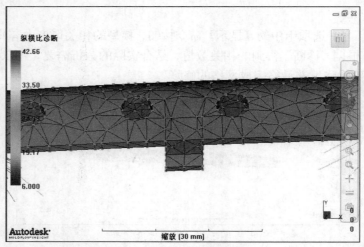

图 3-19 纵横比诊断结果

2. 解决网格纵横比的相关问题

Moldflow对于纵横比有一定的要求，纵横比过大或者其他问题的出现，都将影响后续流程。如果诊断结果显示网格纵横比过大，可以通过下列方法解决：

（1）重新划分网格。

（2）使用自动修复功能。

（3）整体合并。

（4）修改纵横比。

（5）插入节点。

（6）合并节点。

（7）手工移动节点。

（8）重新局部划分网格。

（9）交换边。

3.3 网格统计信息工具

网格包括中心层网格、表面网格和实体网格。借助网格统计信息工具可以更好地应用或处理网格。

3.3.1 网格模型的规则

网格模型的规则主要有以下几项，如图3-20所示。

图3-20 网格模型的规则

1. 共顶点规则

共顶点规则是指每个三角形必须与相邻的小三角形共用两个顶点，即顶点不能落在任何一个三角形的边上或三角形内部。如图3-21所示是关于共顶点规则的图形解释与对比内容。

2. 充满规则

充满规则是指在三维模型的所有表面上必须布满小三角形面片，不得有任何遗漏，即不能有孔洞。

3. 长高比规则

长高比规则是指单个三角形的质量标准。一般来讲，三角形面片越接近正三角形，其形态就越好，网格质量也越优。

4. 2DM 网格节点配对规则

2DM 网格节点配对规则是一一对应的。例如，若节点 A 存在配对节点，且其配对节点为节点 B，那么节点 B 的配对节点一定是节点 A。如图 3-22 所示。

图 3-21　共顶点规则

图 3-22　一一对应

3.3.2　常见的网格错误类型

常见网格的错误主要有以下几种情况。

1. 缝隙

缝隙错误指的是三角形面片的丢失，有时还可能发展成为大的孔洞，如图 3-23 所示。这种情况是发生在大曲率的曲面相交部分三角化时产生的错误。缝隙显示在网格上会有错误的裂缝或孔洞，且其中无三角形，这是违反充满规则的，需要在这些裂缝或孔沿处增补若干小三角形面片来消除这种错误。

2. 畸变

如图 3-24 所示是畸变的效果。它是指三角形的所有边几乎共线。此类错误发生在从三维实体到网格文件的转换算法上。

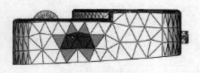

图 3-23　缝隙

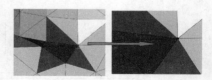

图 3-24　畸变

3. 三角形面片的重叠

面片的重叠主要是由于在三角化面片时数值的圆整误差所产生的。由于三角形的顶点在 3D 空间中是以浮点数表示而不是整数，如果圆整误差范围较大，就会导致面片的重叠。如图 3-25 所示。

4. 顶点错误

按照共顶点规则，在任意一个边上仅存在两个三角形共边。若存在两个以上的三角形共边就产生了顶点。如图 3-26 所示。

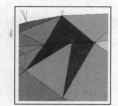

图 3-25　三角形面片的重叠

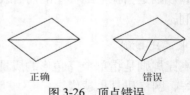

正确　　　　　　错误

图 3-26　顶点错误

5. 内插

一个三角形单元穿过了厚度方向上的两个大面，就是所谓的内插错误，如图 3-27 所示。在修复过程中，内插跟重叠是目前最难修复的。

6. 孤立节点和孤立单元

如图 3-28 所示，孤立节点指不存在任何相邻单元的节点；孤立单元指不存在任何相邻单元的单元。这些孤立元素的存在会使得网格序号发生混乱，且有可能对后续操作产生不可预期的影响，所以需要纠正。

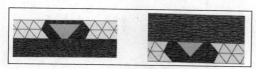

图 3-27　内插

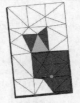

图 3-28　孤立节点和孤立单元

7. 2DM 网格的质量问题

2DM 网格的质量问题存在两方面情况，即单元厚度不合理和配对节点不合理。具体情况如图 3-29 所示。

（1）单元厚度不合理：单元厚度偏离制品的实际厚度值较大。

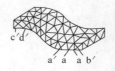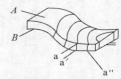

图 3-29　2DM 网格的质量问题

（2）配对节点不合理：配对节点偏离厚度方向上对应处较远。

3.3.3　网格统计信息

每个网格单元属性的统计信息（例如平均值、最大值和最小值）都被预先计算和存储。这些统计变量可以方便查询处理使用。查看统计信息的操作方法如下。

（1）在打开的网格模型中，执行如图 3-30 所示的【网格】/【网格诊断】/【网格统计】命令。

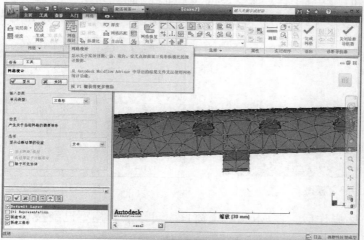

图 3-30　网格统计

（2）在弹出的如图 3-31 所示的【工具】选项卡中，设置【单元类型】为三角形，单击【显示】命令按钮进行操作。

（3）执行【显示】命令，将得到如图 3-22 所示的【三角形】对话框。此对话框中的内容就是相对应的网格模型的数据信息。

图 3-31　网格统计

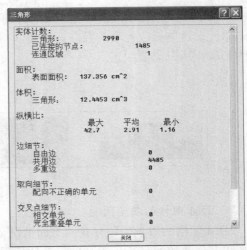

图 3-32　工具选项卡

3.4　应用实例

网格的相关操作需要在建立网格并且进行了网格划分之后进行。下面通过简单的实例介绍网格的创建与划分。

3.4.1　模型导入

在 Moldflow 中导入如图 3-33 所示的模型。

（1）执行【新建】/【工程】命令，将"工程名"命名为 2。

（2）执行【主页】/【导入】/【导入】命令，导入模型"case2"，如图 3-34 所示。

图 3-33　模型

图 3-34　模型导入

（3）完成上述操作后，在 Moldflow 窗口中可以看到模型已经被导入，效果如图 3-35 所示。

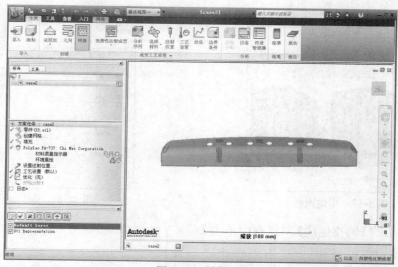

图 3-35　效果图

3.4.2　网格划分

将模型导入完成后，可以着手进行网格的划分操作。一些网格的相关要求如下：

1.　分析程序对网格的基本要求

（1）所有的网格单元必须有厚度。

（2）不存在孤立节点和孤立单元。

（3）长高比大于 60 的单元比例在 0.1%以下。

（4）重叠错误单元数量在总单元数量 1%以下。

（5）边界错误数量在总边界数量的 10%以下。

（6）节点配对率在 50%以上。

2.　良好网格的条件

（1）网格没有错误。

（2）网格所有单元的长高比在 20 以内。

（3）节点配对率在 80%以上。

（4）单元厚度信息正确。

（5）零件边界信息正确。

（6）网格划分的具体操作如下：

（1）执行如图 3-36 所示的【主页】/【创建】/【网格】命令，进行模型的网格划分操作。

（2）执行如图 3-37 所示的【网格】/【网格】/【生成网格】命令，进行网格的生成操作，以划分网格。

（3）窗口中【工具】选项卡将自动弹出，对将要生成的网格相关参数进行设置。选择系统默认内容，单击【立即划分网格】命令按钮，如图 3-38 所示。

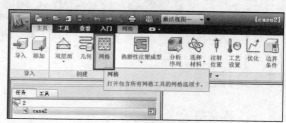

图 3-36　创建网格

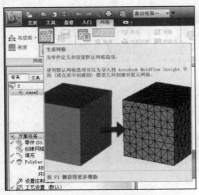

图 3-37　生成网格

图 3-38　工具

（4）在弹出的【网格生成】对话框中单击【关闭】按钮，完成操作，如图 3-39 所示。

（5）在 Moldflow 的窗口中，可以看到如图 3-40 所示的开始划分网格的效果以及相应的进度。

图 3-39　网格生成

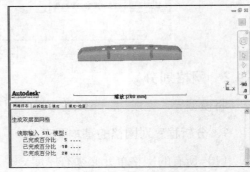

图 3-40　网格进度

（6）通过【方案任务】下显示的相关内容了解网格创建的一些信息。如图 3-41 所示的内容是划分前与划分后的对比效果。

图 3-41　方案任务

（7）当网格划分的所有操作完成后，划分了网格的模型效果如图 3-42 所示。

图 3-42　网格模型

3.5　习题

一、填空题

1. 在打开的 Moldflow 中，划分好网格之后，可以执行＿＿＿＿＿ /＿＿＿＿＿/＿＿＿＿＿命令调用网格中的纵横比诊断工具。

2. 2DM 网格的质量问题，存在两方面情况，即＿＿＿＿＿＿＿＿和＿＿＿＿＿＿＿＿。

3. 网格包括＿＿＿＿＿＿＿＿、＿＿＿＿＿＿＿＿和＿＿＿＿＿＿＿＿。

二、简答题

1. 网格模型的规则主要包括哪些？

2. 网格错误的类型有哪些？

3. 在进行网格划分时，分析程序对网格的基本要求有哪些内容？概述良好网格的条件主要有哪几方面？

三、上机操作

综合所学知识，划分如图 3-43 所示模型的网格。

图 3-43　模型

关键提示：

（1）将模型制作完成后，导入到 Moldflow 中。

（2）根据本章实例的讲解内容，参照操作步骤依次进行。

第4章 Moldflow 模流分析报告

 内容提要

本章主要介绍 Moldflow 模流分析报告，包括分析前需要做的准备工作、分析报告的制作、分析结果的相关术语以及冷却分析的相关内容。

4.1 分析结果解析

屏幕输出文件和结果概要都包含了一些分析的关键结果的总结性信息。此外，屏幕输出文件还包含一些额外的附加输出，表明分析正在进行，同时还提供重要信息，从中可以看出分析使用的压力和锁模力的大小、流率的大小和使用的控制类型。

4.1.1 分析结果

下面分别通过屏幕输出文件和结果概要这两部分内容，来认识分析结果的相关要点。

1. 屏幕输出文件

屏幕输出文件反映给用户的信息至关重要。

如图 4-1 所示是一个冷却分析的屏幕输出文件。不同的内容分析所得是不一样的，得到的屏幕输出文件也是不一样的。

进水口 节点	流动速率 进/出 (lit/min)	雷诺数 范围	压力降 超 回路 (MPa)	泵送 功率超过 回路 (kW)
3276	4.23	10000.0 - 10000.0	0.0017	1.232E-04
3255	4.23	10000.0 - 10000.0	0.0027	1.922E-04
3256	4.23	10000.0 - 10000.0	0.0027	1.922E-04

图 4-1　屏幕输出文件

2. 结果概要

屏幕输出文件和结果概要有相似的部分，它们同时包含了分析过程中和分析结束时的关键信息。使用这些信息可以快速查看相关变量，从而判断是否需要详细分析某一结果以发现问题。

如图 4-2 所示是分析报告中关于型腔温度的结果摘要。通过它显示的数据及其相关的提示内容，可以解决并模拟出模具加工设计过程中的一些可能发生的情况。

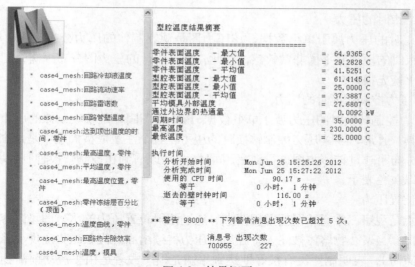

图 4-2　结果概要

4.1.2 Moldflow 分析结果各项概念解释

1. 结果概要输出

分析结果的一部分内容为结果概要，主要内容如下。

（1）充模时间（Fill Time）：充模时间显示的是熔体流动前沿的扩展情况，其默认绘制方式为阴影图，但使用云纹图可以更容易解释结果。云纹线的间距应该相同，这表明熔体流动前沿的速度相等，制件的填充应该平衡。对于大多数分析，充模时间是一个非常重要的结果。

（2）压力（Pressures）：Moldflow 有几种不同的压力图，每种以不同的方式显示制件的压力分布。所有压力图显示的都是制件某个位置（一个节点）或某一时刻的压力。

使用的最大压力应低于注射机的压力极限，很多注射机的压力极限为 140 MPa（~20,000 psi），模具的设计压力极限最好为 100 MPa（~14,500 psi)左右。如果所用注塑机的压力极限高于 140MPa，则设计极限可相应增大。模具的设计压力极限应大约为注射机极限的 70%。假如分析没有包括浇注系统，设计压力极限应为注射机极限的 50%。

像充模时间一样，压力分布也应该平衡。压力图和充模时间图看起来应该十分相似，如果相似，则充模时制件内就只有很少或没有潜流。具体的压力结果定义如图 4-3 所示。

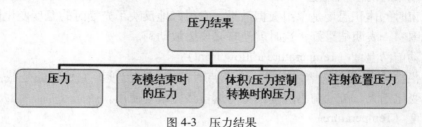

图 4-3　压力结果

①压力

压力是一个中间结果，每一个节点在分析时间内的每一时刻的压力值都被记录下来。默认的动画是时间动画，因此，可以通过动画观察压力随时间变化的情况。压力分布应该平衡，或者在保压阶段应保证均匀的压力分布和几乎无过保压。

②充模结束时的压力

充模结束时的压力属于单组数据，该压力图是观察制件的压力分布是否平衡的有效工具。充模结束时的压力对平衡非常敏感，因此，如果此时的压力图分布平衡，则制件就可以很好地实现平衡充模。

③体积/压力控制转换时的压力

体积/压力控制转换时的压力属于单组数据，该压力图同样是观察制件的压力分布是否平衡的有效工具。通常，体积/压力控制转换时的压力在整个注塑成型周期中是最高的，此时压力的大小和分布可通过该压力图进行观察。同时，也可以看到在控制转换时制件填充了多少，未填充部分以灰色表示。

④注射位置压力

注射节点是观察二维 XY 图的常用节点。通过注射位置压力的 XY 图可以容易地看到压力的变化情况。当聚合物熔体被注入型腔后，压力持续增高。假如压力出现尖峰（通常出现在充模快结束时），表明制件没有很好地达到平衡充模，或者是由于流动前沿物料体积的明显减少使流动前沿的速度提高。

（3）体积温度（Bulk temperatures）

体积温度包含如图 4-4 所示的两方面，反映了制件内部所产生的剪切热。如果制件内部有强烈的剪切作用，制件的温度将升高。在充模阶段，体积温度图应非常均匀，其变化以不超过 5℃（~10℉）为宜。实际应用时允许有较大的温降，通常高至 20℃（~35℉）的温降都是可以接受的。假如有区域产生了过保压，体积温度将显著下降。这表明过保压已成为一个问题，在可能的情况下应加以改进。当体积温度范围过大时，通常缩短注射时间是减小其范围的最佳手段。

①体积温度

体积温度是中间数据结果，通过它可以看到温度随时间变化的情况。假如进行的是流动分析，由于绘图比例非常大，使充模时发生的情况很难看清。这时可以对每一帧分别设置比例，观察每一帧充填时由最小比例到最大比例变化的情况，再手工设置比例的最大值和最小值，然后再播放充填时的动画。

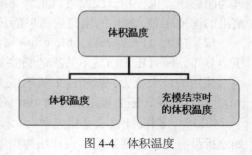

图 4-4　体积温度

②充模结束时的体积温度

充模结束时的体积温度是单组数据结果，它很好地反映了充模时的温度变化情况。如果温度分布范围窄，表明结果好，这时就没有必要播放动画。

（4）流动前沿温度（Temperature at flow front）

流动前沿温度是聚合物熔体充填一个节点时的中间流温度。它代表的是截面中心的温度，因此其变化不大。流动前沿温度图可与熔接线图结合使用。

（5）温度（Temperature）

温度图是中间剖面结果。使用温度图可以观察截面内任意位置的温度随时间变化的情况，或者观察特定时刻整个截面内温度的变化。通常，截面内的最高温度不应高于数据库中所列出的熔体最高温度。

（6）型腔壁处的剪切应力（Shear stress at wall）

型腔壁处的剪切应力是中间数据结果。型腔壁意味着冻结层和熔体层界面，在截面内这里的剪切应力最高。制件内的剪切应力应低于数据库中规定的材料极限值。因为型腔壁处的剪切应力是中间数据结果，不知道什么时候剪切应力将超过极限值，为了解释结果，应改变绘图属性：调整绘图比例，并把最小值设为材料极限。在这种情况下，绘出的将仅仅是那些高于极限值的单元。把制件设为透明，默认的透明值是 0.1，根据计算机的图形卡的不同，可能需要把该透明值增大。同时，为了有助于显示出有问题的小单元，应关掉节点平均值。这样就可以手工播放剪切应力随时间变化的动画，从而发现什么时间、哪里出现了高的剪切应力。

（7）熔接线（Weld lines）

当两股聚合物熔体的流动前沿汇集到一起，或一股流动前沿分开后又合到一起时，就会产生熔接线，如聚合物熔体沿一个孔流动。有时，当有明显的流速差时，也会形成熔接线。厚壁处的材料流得快，薄壁处流得慢，在厚薄交界处就可能形成熔接线。熔接线对网格密度非常敏感。由于网格划分的原因，有时熔接线可能显现在并不存在的地方，或有时在真正有熔接线的地方没有显示。为确定熔接线是否存在，可与充模时间一起显示。熔接线也可与温度图和压力图一起显示，以判断它们的相对质量。

减少浇口的数量可以消除掉一些熔接线，改变浇口位置或改变制件的壁厚可以改变熔接线的位置。

（8）气穴（Air traps）

气穴定义在节点位置，当材料从各个方向流向同一个节点时就会形成气穴。气穴将显示在其真正出现的位置，但当气穴位于分型面时，气体可以排出。与熔接线一样，气穴对网格密度很敏感。制件上的气穴应该消除，可以使用改变制件的壁厚、浇口位置和注射时间等方法消除气穴。

（9）冻结时间（Time to Freeze ）

冻结时间是指充模结束到型腔中的聚合物降至顶出温度所需的时间。冻结时间可用来估计制件的成型周期，并作为确定保压时间的初始值，同时可用于观察制件壁厚变化的影响。

（10）冻结层厚度（Frozen layer fraction ）

冻结层厚度有两个概念，如图 4-5 所示。如果冻结层厚度值为 1，则表示截面已完全冻结。确定聚合物熔体是否冻结的参考温度是转变温度。

① 冻结层厚度

冻结层厚度是中间数据结果。如果要观察制件和浇口冻结的时间，该结果非常有用。如果制件上靠近浇口的一些区域冻结得早，就会使远离浇口的区域具有高的收缩率。通常在关键位置（如浇口）创建 XY 图来观察冻结层厚度变化的情况。

② 充模结束时的冻结层厚度

充模结束时的冻结层厚度是单组数据结果，此时，冻结层不能太厚。如果制件某些区域的冻结层厚度超过 0.20~0.25，可能就意味着保压困难，需要缩短注射时间来加以改善，并需要与温度图结合起来进行判断。

（11）体积收缩率（Volumetric shrinkage ）

体积收缩率是指由于保压而引起的制件体积减少的百分比。在确定体积收缩率时，聚合物材料的 PVT 特性起重要作用。保压压力越高，体积收缩率越小。体积收缩率有两种情况，如图 4-6 所示。

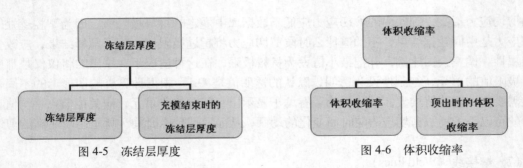

图 4-5　冻结层厚度　　　　　　　　图 4-6　体积收缩率

① 体积收缩率

体积收缩率是中间数据结果，它显示制件在保压和冷却过程中收缩率的变化。通常不使用这个结果，因为顶出时的收缩率才是制件最终的体积收缩率。

② 顶出时的体积收缩率

顶出时的体积收缩率是单组数据结果。整个型腔的收缩率应该均匀，但通常难以实现。可以通过调整保压曲线使收缩率均匀一些。

（12）平均速度（Average velocity）

平均速度表示的是每个单元在不同时刻熔体流动的方向与大小。平均速度图非常适合于观察料流方向的变化和制件内哪个地方的料流速度较高。

在多数情况下，应设置绘图比例。通常浇口或靠近浇口的单元流速最大。调整绘图比例的一个简单方法如下：播放动画结果时，在绘图属性对话框中选择绘图比例，改变最大值并点击应用（Apply），观察速度的显示是否更合理。因为选择的是应用（Apply），对话框将仍然保持打开，如有必要可继续调整最大值，直到得到满意的颜色为止。

（13）体积剪切速率（Shear rate, bulk ）

体积剪切速率代表的是整个截面的剪切速率，由截面内材料的流速和剪切应力计算所得，可以把它直接与材料数据库中的材料极限值进行比较。

在显示该结果图时，最好关掉节点平均值。可能有一些小单元具有很高的剪切速率，因此关掉节点平均值可以看得更清楚。

制件内的剪切速率很少过高。通常剪切速率过高的地方都是浇注系统，特别是浇口。有些材料含有多种添加剂，如纤维、着色剂和稳定剂，这时应尽量把剪切速率控制在材料的极限值以内。当剪切速率保持在 20,000 1/sec 以内时，结果就很好，实际使用的浇口尺寸都可以保证这一点。

（14）剪切速率（Shear rate ）

剪切速率是中间剖面结果。在大多数情况下，可以使用 XY 图观察其结果。通常是绘制那些具有高体积剪切速率单元的结果，这表示某时刻、某特定位置截面的最大剪切速率。假如剪切速率明显高于材料的极限，可能意味着由于高剪切而产生了一些相关问题，如浇口变色或引起制件的机械性能降低。

（15）推荐的注射速度：（Recommended ram speed）

推荐的注射速度是以使流动前沿的速度更加均匀为原则而建立的，它将有助于消除压力尖峰，同时可以改善制件的表面光洁度。

（16）充模起点（Grow from）

当制件上有多个浇口时，该图将显示哪个三角形单元是由哪个浇口填充的，这将有助于浇口的设置和多浇口制件的平衡充模。

（17）锁模力：XY 图（Clamp force: XY Plot）

该 XY 图表示锁模力随时间而变化的情况。计算锁模力时把 XY 平面作为分型面，锁模力根据每个单元在 XY 平面上的投影面积和单元内的压力进行计算。当使用表面模型时，考虑的是相互匹配的单元组，因此锁模力没有重复计算。如果制品的几何结构在 XY 平面上的投影有重叠，锁模力的预测将会偏大。可以设置属性将投影发生重叠的单元排除在锁模力的计算之外，从而解决该问题。

锁模力对充模是否平衡、保压压力和体积/压力控制转换时间等非常敏感，对这些参数稍加调整，就会使锁模力发生较大的变化。

（18）锁模力中心（Clamp force Centroid）

当锁模力达到其最大值时，锁模力中心将指出锁模力中心的位置。如果成型制件所用的模具很小或锁模力接近极限锁模力时，该结果非常有用。假如锁模力中心没有在模具中心，就可能使注塑机的锁模力能力得不到充分的利用。例如，如果注塑机的最大锁模力为 1000吨，注塑机的 4 根拉杆每根将承受 250 吨的力。当锁模力中心严重偏向其中的 1 根或 2 根时，机器实际能得到的锁模力将降低。该结果可用来检查模具的总体受力平衡，当锁模力中心不在机器的中心时，应加以修正。

（19）缩痕指数（Sink Index）

缩痕指数给出了制件上产生缩痕的相对可能性，其值越高，表明缩痕或缩孔出现的可能性越大。计算缩痕指数时将同时使用体积收缩率和制件壁厚的值。在比较不同的方案时，缩痕指数图是非常有用的相对工具。

（20）速度（Velocity）

速度表示的是不同的壁厚和不同的时间熔体流速的变化情况，它是一个中间剖面结果。通常使用 XY 图来表示截面内速度的变化。

（21）注射量百分比（% Shot weight）

注射量百分比是根据制件体积和使用材料在室温时的密度计算的。该图用来显示制件体积随注射、保压时间而变化的情况。

2. 冷却分析结果解释

冷却分析有很多结果，其具体内容如图 4-7 所示。

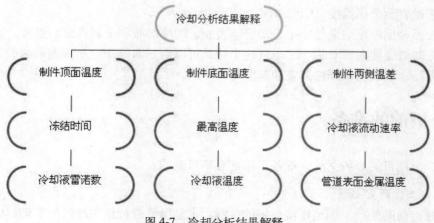

图 4-7　冷却分析结果解释

（1）制件顶面温度（Temperature (Top), part）

这里顶面（Top）是指三角形单元的顶面，在显示时为蓝色。制作顶面温度结果描述了和制件单元相接触的、顶面一侧的制件和模具的界面（也叫模具表面）在一个成型周期内的平均温度。这个温度和成型周期末段的模具温度很接近，但从技术的角度看，它是一个平均温度。

（2）制件底面温度（Temperature (Bottom), part）

这里的底面（Bottom）是指三角形单元的底面，在显示时为红色。制件底面温度所描述的是模具表面在一个成型周期内的平均温度，只是接触的方向是单元的底面。

（3）制件两侧温差（Temperature difference, part）

制件两侧温差描述了制件顶面温度与底面温度的差异，其值为顶面温度减去底面温度的差值。所以，正值表示顶面比底面温度高，反之则相反。只有中层面模型才有这个结果，因为 FUSION 模型没有制件底面温度这个结果。

（4）冻结时间（Time to Freeze）

冻结时间显示了从注射开始每个单元所需要的冻结时间，即冷却到整个单元的截面温度都低于材料数据库中所定义的顶出温度的时间。

（5）最高温度（Maximum Temperature）

指冷却结束时制件截面上的最高温度，根据模具表面的平均温度计算。

（6）冷却液流动速率（Circuit Flow Rate）

指在一个回路中冷却液流经某一单元时的流动速率。当使用并联回路时是一个很有用的结果，因为在一般情况下，并联回路中管道的流动速率不均匀。

（7）冷却液雷诺数（Circuit Reynolds number）

这是回路中某一单元中冷却液的雷诺数。雷诺数是用来表示流体流动状态的一个纯数，流动状态为湍流时传热效率高。当雷诺数大于 2200 时，流体开始处于过渡流状态，大于 4000 时处于湍流状态。冷却分析时的缺省值是 10000。与流动速率一样，当各条管道流动速率不一致或采用并联管道时，这个结果很有用。

（8）冷却液温度（Circuit Coolant Temperature ）

冷却液温度结果显示了冷却液流经冷却管道时的温度变化。一般情况下，冷却液温度的升高不要超过 3℃。

（9）管道表面金属温度（Circuit Metal Temperature）

管道表面金属温度结果显示了冷却管道表面，即冷却液和金属界面的温度。这个温度应该不能比冷却液温度高 5°C 以上，通过这个结果可以看到回路中热量传递最高的部位。如果这个温度太高，则表明该部位需要加强冷却。

4.2　分析前的准备

在做一个项目的分析之前，准备工作是必不可缺的。

1. 准备工作的重要性

模流分析前的处理工作是模流分析的关键，也是保证分析结果准确的基础。因此，在将模型输入到 Moldflow 之前必须要把产品模型修好，主要包括两种方法：一是在 3D、CAD 软件中修复。二是可以在 CAD Doctor 软件中修复。无论使用哪种方法，都应保证产品模型没有破损面。

2. CAD Doctor 软件的应用

CAD Doctor 能快速处理产品不合理的位置，缝合自由边，提高匹配百分比。经过 CAD Doctor 修复后的模型可达到自由边、交叉边、配向不正确的单元、相交单元、重叠单元以及重叠柱体均为 0。同时，其修复效率也要远远高于 Moldflow。

打开如图 4-8 所示的 CAD Doctor，将需要进行模流分析的模型导入，通过执行其中的各项指令可以实现对产品的相应处理。

在该软件中，需要通过执行【修复】菜单下面的各项指令来实现产品的网格修复等，如图 4-9 所示。

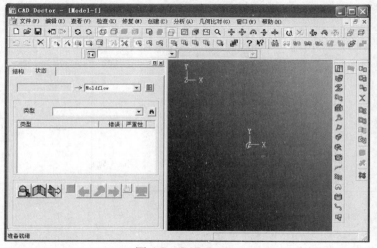

图 4-8　CAD Doctor

图 4-9　"修复"菜单

4.3　制作分析报告

在 Moldflow 完成分析后，需要将分析结果制作成书面报告的形式，即分析报告。其制作步骤方法如下。

1. 建立图形

（1）在打开的 Moldflow 中导入模型，使其处于可编辑、分析状态后，单击【结果】/【图形】/【新建图形】命令，如图 4-10 所示。

（2）在打开的如图 4-11 所示内容中选择【图形】选项。

（3）在接着打开的如图 4-12 所示的【创建新图】对话框中，保持其中的【可用结果】选项卡选项不变，在【图形类型】中可以根据实际需要进行选择，这里选择"动画图"，单击【确定】按钮。

（4）如图 4-13 所示即为创建的新图效果。

图 4-10　新建

图 4-11　图形

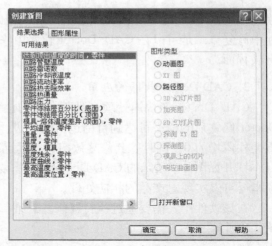

图 4-12　创建新图

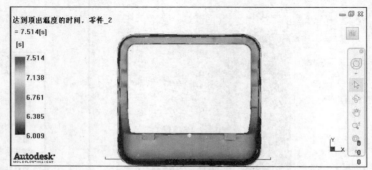

图 4-13　新图效果

2. 制作报告内容

（1）执行【报告】/【报告】/【报告】命令，如图 4-14 所示。

图 4-14　报告

（2）执行【报告】/【报告】/【报告向导】命令，开始手建立报告内容，如图 4-15 所示。

图 4-15　报告向导

（3）打开如图 4-16 所示的【报告生成向导-数据选择】对话框。

（4）在打开的【报告生成向导-数据选择】对话框中，从【可用数据】下拉列表中选择需要的数据内容。这里将其全部选中，执行【全部添加】命令按钮，将数据添加到【选中数据】下拉列表中，如图 4-17 所示。

图 4-16　报告生成向导

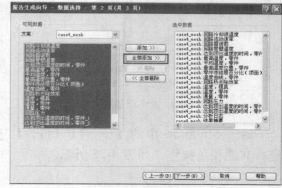

图 4-17　选中数据

（5）单击【下一步】命令按钮，打开如图 4-18 所示的【报告生成向导-报告布置】对话框，通过它提供的功能，对报告进行相关布置处理。这里选择系统默认效果，不再进行调整。

（6）执行【报告生成向导-报告布置】对话框中的【生成】命令生成报告。在开始生成报告的过程中，系统将显示如图 4-19 所示的【正在生成报告】对话框，表示设置完成后的报告正在生成。

图 4-18　报告布置

图 4-19　提示

3. 完成报告

通过上述操作所得到的关于"回路冷却液温度"内容在报告中的具体效果，如图 4-20 所示。

报告的其他内容可以通过单击界面左侧的相关选项查看。如图 4-21 所示是关于"最高温度位置，零件"的相关报告内容。

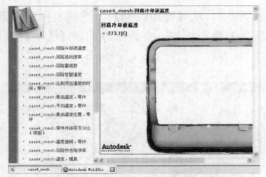

图 4-20　回路冷却液温度

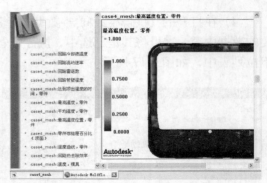

图 4-21　零件高温度位置

通过 Moldflow 中的【任务】/【报告】选项，可以进行其他相关操作，如图 4-22 所示。

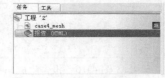

图 4-22　报告

4.4　如何执行冷却分析

Moldflow 软件可以通过分析模具冷却系统对模具和制品温度场的影响，优化冷却系统的布局，达到使塑料快速、均衡冷却的目的，从而缩短注射成型的冷却时间，提高劳动生产效率，减小废品率，提高企业的经济效益。下面了解冷却分析的方法，以及如何执行冷却分析的相关内容。

4.4.1　冷却分析的解释

大部分产品在生产过程中，冷却时间约占七成，若能缩减这一部分时间损耗，生产效率将大幅提升。冷却机构主要为：

（1）金属模板热传导。

（2）对流及非常小部分的辐射散到大气中。

MPI 通过对模具、制品、冷却系统的传热分析，可为用户提供以下模拟分析结果：

（1）计算制品完全固化或用户设定的固化百分比所需要的冷却时间。

（2）模拟注射周期的型腔表面温度分布，帮助工艺人员确定模具温度的均匀程度及是否达到材料所要求的模具温度。

（3）预测制品在顶出时刻沿厚度方向不同位置的温度分布、最高温度在厚度方向的位置、沿厚度方向的平均温度以及某一单元温度沿厚度方向的变化。

（4）依据模具表面的温度预测制品完全固化所需要的时间。

（5）模拟冷却介质的温度分布及冷却管道表面温度分布。

（6）模拟冷却管道中的压力降低、流动速度及其雷诺数。

（7）模拟镶块的温度分布、镶块/模具界面的温度差分布。

（8）模拟分型面和模具外表面的温度分布。

4.4.2　分析结果

冷却分析在于设计有效冷却管路与控制冷却条件，缩短成型周期。下面通过执行分析，进一步认识冷却分析的相关内容。

1. 建模

制品首先需要在三维 CAD 软件（如 UG 等）中建立模型，通过 STL 文件格式导入 Moldflow 软件。然后在前处理器中完成最后的修改，并生成冷却系统和浇注系统，制品模型如图 4-23 所示。

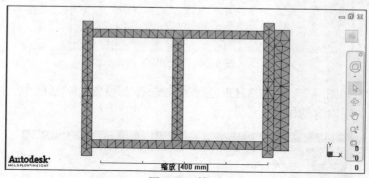

图 4-23　模型

2. 工艺条件

需要对工艺条件进行调整。

（1）通过执行如图 4-24 所示的【主页】/【成型工艺设置】/【分析序列】命令，进行分析选项的设置。

图 4-24　分析序列

（2）在打开的【选择分析序列】对话框中，选择其中的"冷却+填充+保压+翘曲"选项，如图 4-25 所示。在实际的工作过程中，为了使分析结果可靠，经常将冷却同填充等其他分析选项同时作为分析序列来执行。

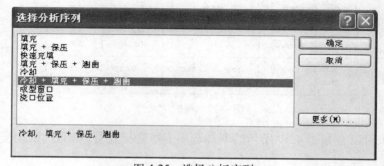

图 4-25　选择分析序列

在使用 Moldflow 进行冷却分析时，首先需要确认模型的"创建冷却回路"的相关工作是否已经完成。只有在冷却回路创建之后，才能进行相应的冷却分析。

（3）执行【主页】/【成型工艺设置】/【工艺设置】命令，对相应的参数进行设置，如图4-26所示。

图4-26 工艺设置

（4）在打开的如图4-27所示的【工艺设置向导-冷却设置】对话框中，进行有关冷却模拟分析所需要的各项内容的设定。

图4-27 工艺设置向导

（5）执行【主页】/【分析】/【开始分析】命令，进行真正意义上的"冷却分析"。如图4-28所示。

图4-28 开始分析

3. 模拟结果

按照上述工艺条件，对制品的冷却过程进行完整的模拟分析后，得到的部分模拟结果如图4-29所示。

进水口 节点	流动速率 进/出 (lit/min)	雷诺数 范围	压力降 超 回路 (MPa)	泵送 功率超过 回路 (kW)	
2411	4.23	10000.0 - 10000.0	0.0229	0.002	
2630	4.23	10000.0 - 10000.0	0.0229	0.002	

图4-29 模拟结果

分析的结果可以在如图4-30所示的冷却选项卡中进行查看，从而确认此模型的冷却相关数据的可行性。

图4-30 冷却分析

4.5　决定主要变形分析

塑料产品的变形原因之一是收缩不均匀,包括产品各个区域的收缩差异、厚度方向的收缩差异、平行和垂直于分子或纤维取向方向的收缩差异等。下面简单讨论各因素对产品变形的影响情况,以及用 Moldflow 进行变形分析的方法。

1. 影响变形因素

影响塑料收缩的因素有材料的 P、V、T(压力、体积、温度)性能、冷却速度、分子的取向方向及程度温度差异以及模具对产品的约束等。另外,在实际生产时,产品结构、制品材料、模具设计和成型工艺都对产品的变形有影响。

(1)在产品设计上,一般来说,减小产品壁厚将增大分子取向程度,但将降低收缩。所以,对于无定形材料的制品而言,减小壁厚将增大变形;而对半结晶材料则相反。当然,对于任何一个产品,无论使用何种材料,为减小变形,产品的壁厚都应该尽可能地均匀。

(2)在模具设计方面,主要是要注意浇口位置和冷却系统的分布。在考虑浇口位置时,要注意熔液在型腔中的流动平衡和流动方向的单一性。而对冷却系统而言,则要注意冷却的均匀性。另外,顶出系统设计不合理时,也会影响产品的变形。

(3)成型工艺条件对产品变形的影响是多方面的,而且是不确定的。可以确定的是成型工艺条件与产品收缩变形是相关的。

综上所述,产品的变形只是一个外在的表现,而影响变形的原因贯穿于整个设计生产过程。要想生产出合格的产品,必须在设计之初就考虑以上因素。

2. Moldflow 在变形分析中的应用

当产品比较复杂或设计者缺乏经验时,CAE 工具就成为一个必要的选择。

变形分析是将填充、保压、冷却的分析结果作为输入条件,用内置的变形求解器计算模型中每个节点的位移。通过对结果的查看,可以知道产品每个部位的变形量和任意两点的距离,据此可以知道产品的形状和尺寸。一般的分析顺序如图 4-31 所示。

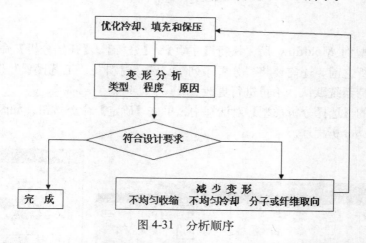

图 4-31　分析顺序

从图中可以看出,变形分析是一个循环过程,而且此过程是反复循环的,直到变形量符合要求才会结束。

4.6 应用实例

分析结果的一个重要部分是理解结果的定义并知道怎样使用结果。因此，得出分析结果是必不可少的步骤。下面通过一个简单实例具体介绍 Moldflow 中分析应用的操作。

1. 导入模型

(1) 在三维 CAD 软件中创建模型。

(2) 通过 STL 文件格式将模型导入到 Moldflow 软件中。

(3) 在前处理器中完成最后的修改，制品模型如图 4-32 所示。

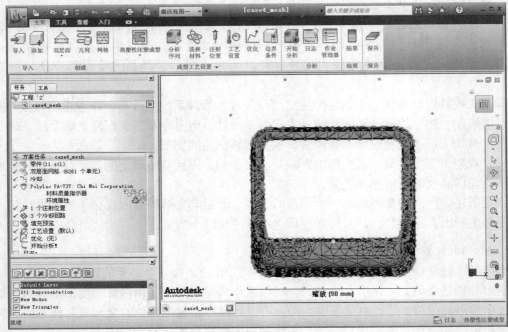

图 4-32　模型

2. 功能命令

(1) 导入模型到 Moldflow 后，执行【主页】/【分析】/【开始分析】命令，如图 4-33 所示。在开始分析之前，还需要将"分析序列"、"选择材料"、"工艺设置"选项中的参数进行设置，这里保持系统默认，不再进行更改。

(2) 在弹出的【选择分析类型】对话框中，单击【确定】命令按钮，如图 4-34 所示。开始进入系统的自动分析程序。

图 4-33　开始分析

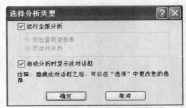

图 4-34　选择分析类型

3. 自动分析

（1）在进入自动分析程序后，可以通过【方案任务】选项卡中的相关提示来了解情况。当分析开始之后，将出现如图 4-35 所示的提示内容。它表示系统正在进行分析的相关操作。

（2）分析完成后，在分析日志中可以查看相关的分析结果。如图 4-36 所示是关于分析的部分内容。

（3）分析完成后，在【方案任务】选项卡中将出现如图 4-37 所示的效果，表示分析已经完成。

图 4-35　方案任务

```
冷却-检查 │ 分析日志 │ 冷却 │ 网格日志 │
│         1│   35.000│      13│  25.000000│     0│  0.000000│  1.000000│
│         1│   35.000│       9│  26.898827│     0│  0.000000│  1.000000│
│         1│   35.000│      10│  14.983418│     0│  0.000000│  1.000000│
│         1│   35.000│       8│  22.425840│     0│  0.000000│  1.000000│
│         1│   35.000│       8│  25.362041│     0│  0.000000│  1.000000│
│         1│   35.000│       8│  16.349375│     0│  0.000000│  1.000000│
│         1│   35.000│       8│  11.374264│     0│  0.000000│  1.000000│
```

图 4-36　分析日志

图 4-37　方案任务

4. 屏幕输出文件

（1）在分析完成后，可以通过屏幕输出文件的相关内容来判断相应的模具制件的可行性。如图 4-38 所示。

进水口 节点	流动速率 进/出 (lit/min)	雷诺数 范围	压力降 超过 回路 (MPa)	泵送 功率超过 回路 (kW)
3276	4.23	10000.0 - 10000.0	0.0017	1.232E-04
3255	4.23	10000.0 - 10000.0	0.0027	1.922E-04
3256	4.23	10000.0 - 10000.0	0.0027	1.922E-04

图 4-38　屏幕输出文件

（2）这里执行了模流分析，冷却液温度如图 4-39 所示的相关内容，也是进行冷却系统设置的参数依据。它的值关系到制件制作过程以及成品效果。

冷却液温度

入口 节点	冷却液温度 范围	冷却液温度升高 通过回路	热量排除 通过回路
3276	25.0 - 25.1	0.1 C	0.041 kW
3255	25.0 - 25.4	0.4 C	0.103 kW
3256	25.0 - 25.3	0.3 C	0.082 kW

图 4-39　冷却液温度

（3）屏幕输出文件的内容如图 4-40 所示。这部分内容掌握得越多，对实际分析结果判断的准确性越有利。

外部迭代	期时间(秒)	平均温度迭代	平均温度偏差	温度差迭代	温度差偏差	回路温度残余
1	35.000	13	25.000000	0	0.000000	1.000000
1	35.000	9	26.898827	0	0.000000	1.000000
1	35.000	10	14.983418	0	0.000000	1.000000
1	35.000	8	22.425840	0	0.000000	1.000000
1	35.000	8	25.362041	0	0.000000	1.000000
1	35.000	8	16.349375	0	0.000000	1.000000
1	35.000	8	11.374264	0	0.000000	1.000000
1	35.000	8	8.844984	0	0.000000	1.000000
1	35.000	5	0.704545	0	0.000000	1.000000
1	35.000	0	0.073205	0	0.000000	1.000000
1	35.000	15	0.082175	0	0.000000	1.000000
1	35.000	0	0.001605	0	0.000000	1.000000
2	35.000	34	29.709921	0	0.000000	1.000000
2	35.000	5	0.015993	0	0.000000	1.000000
2	35.000	0	0.004931	0	0.000000	1.000000
3	35.000	5	0.018594	0	0.000000	0.000756
3	35.000	3	0.001866	0	0.000000	0.000756
3	35.000	3	0.001387	0	0.000000	0.000756
4	35.000	3	0.002916	0	0.000000	0.000042
4	35.000	0	0.000768	0	0.000000	0.000042
4	35.000	0	0.000691	0	0.000000	0.000042

图 4-40　屏幕输出文件

5. 结果摘要

结果摘要是分析完成后系统自动反映给用户的一个综合信息。如图 4-41 所示是部分结果摘要的效果截图。

型腔温度结果摘要

零件表面温度 - 最大值	=	64.9365 C
零件表面温度 - 最小值	=	29.2828 C
零件表面温度 - 平均值	=	41.5251 C
型腔表面温度 - 最大值	=	61.4145 C
型腔表面温度 - 最小值	=	25.0000 C
型腔表面温度 - 平均值	=	37.3887 C
平均模具外部温度	=	27.6807 C
通过外边界的热通量	=	0.0092 kW
周期时间	=	35.0000 s
最高温度	=	230.0000 C
最低温度	=	25.0000 C

图 4-41　结果摘要

4.7　习题

一、填空题

1. 分析结果可以通过两部分内容来读懂，分别是_____和_____。

2. 体积收缩率有两种情况，它们分别是_____和_____。

3. 冻结层厚度有两种情况，它们分别是_____和_____。

二、简答题

1. 简述压力结果的相关内容。

2. MPI 通过对模具、制品、冷却系统的传热分析，可为用户提供模拟分析结果。简述其提供的模拟分析结果有哪些。

3. 简述熔接结的相关知识。

三、上机操作

1. 综合所学知识，尝试进行如图 4-42 所示的模型的模流分析操作。

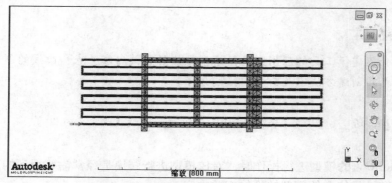

图 4-42　操作题一

关键提示：

（1）在进行模流分析之前，练习模型的创建以及相关参数的设置。

（2）尝试进行【分析序列】中"冷却分析"的操作。

（3）【工艺设置】参数的添加。

2. 综合所学知识，针对如图 4-42 所示的模流分析完成后得到的数据，练习分析报告的制作。

关键提示：分析报告在不熟悉内容、流程的前提下，可借助【报告向导】功能逐步进行。

第 5 章 建模工具的应用

 内容提要

本章主要介绍建模工具的应用，包括模型转换的相关内容、点和曲线的创建方法、三角形和四面体单元的创建方法以及局部网格划分等。

5.1 模型转换

在对 Moldflow 的模型进行操作时，对该模型进行转换是经常需要用到的。本节通过格式转换和图形转换具体介绍模型转换的相关内容。

5.1.1 格式转换

出于保存的便捷，或者实际的工作要求，可以用不同的格式保存模型。

1. 关于格式转换

在 Moldflow 中不支持 X-T 格式，此时可以用 UG 导出 IGS 和 STL 格式，然后再导入 Moldflow 进行分析。

2. 网格模型特点

网格模型根据格式不同，有双面网格、中面网格、3D 网格三种类型，如图 5-1 所示。三种网格类型的相关特点如下。

（1）双面网格

双面网格的特点是单元为三角形，通过相对面的单元间距来确定厚度，并且可以更改。

图 5-1　网格模型

（2）中面网格

中面网格的特点是单元为三角形，它带有厚度属性，并且可以更改。

（3）3D 网格

3D 网格的特点是单元为四面体，它不需要厚度属性，是真正的体积充填网格，由双面网格转化而来。

5.1.2 图形转换

模型是以立体形式存在的，可以通过转换图形来查看其实际效果。

（1）将已经进行了冷却分析相应设置的模型导入 Moldflow，如图 5-2 所示。查看此模型的立体效果，需要通过转换其位置来实现。

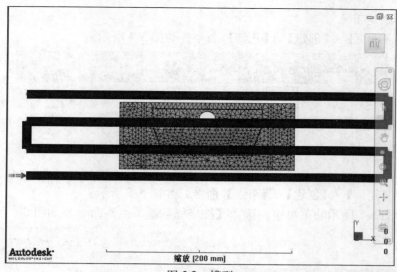

图 5-2　模型

（2）单击如图 5-3 所示的右上角所示的按钮。

（3）当模型变换方向之后，文字内容也会进行相应的更改。

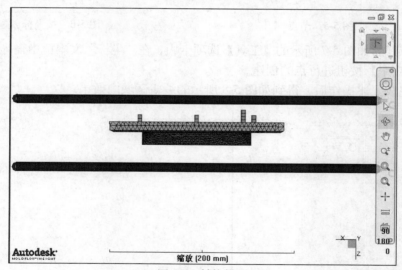

图 5-3　转换模型

5.2　建立几何图形

轴类零件是机械产品中经常使用的零件，其应用比较广泛。在设计绘图时通常以基本的点、直线和圆弧等作为基本几何图素。

5.2.1　创建点

点的创建可分为几种情况，可以根据固定的内容创建绝对点，或在线上创建节点等。在 Moldflow 中创建不同的点的方法以及相关的操作技巧如下。

1. 按坐标创建节点

(1) 单击【主页】/【创建】/【几何】命令。如图 5-4 所示。

图 5-4　几何

(2) 执行【几何】/【创建】/【节点】命令，如图 5-5 所示。

(3) 在如图 5-5 所示的菜单中，选择【按坐标创建节点】命令，如图 5-6 所示。

图 5-5　节点

图 5-6　按坐标创建节点

(4) 在打开的如图 5-7 所示的【工具】选项卡中，在"坐标"文本框中输入值"10，20，30"，单击【应用】按钮进行点的创建。

(5) 在完成上述操作后，得到如图 5-8 所示的编辑区域内效果。

图 5-7　坐标输入

图 5-8　节点

2. 坐标中间创建节点

(1) 鼠标单击【主页】/【创建】/【几何】命令。

(2) 执行【几何】/【创建】/【节点】命令。

(3) 在弹出的菜单中选择【坐标中间创建节点】命令，执行创建。

(4) 在打开的【工具】对话框中，在"第一"文本框中输入值 0，在"第二"文本框中输入值 50，在"节点数"文本框中输入值 5，单击【应用】按钮完成创建，如图 5-9 所示。

（5）在完成上述操作之后，得到新创建的并排 5 个节点，如图 5-10 所示。

图 5-9　参数设置

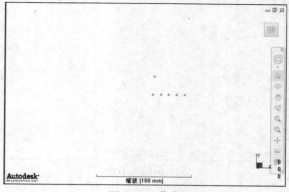

图 5-10　节点

3. 平分曲线创建节点

在平分曲线创建节点时，需要有曲线（直线）作为基准点。首先创建如图 5-11 所示的线条，为创建节点做好准备。

（1）选择【平分曲线创建节点】命令，执行创建。

（2）在打开的【工具】对话框中，选中已经创建的直线，将该值输入到选择曲线下拉列表中。同时，在节点数文本框中，输入值为 3，单击【应用】按钮完成。如图 5-12 所示。

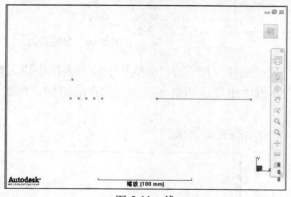

图 5-11　线

图 5-12　参数设置

（3）完成上述操作后，创建的三个节点的具体效果如图 5-13 所示。

4. 偏移创建节点

（1）单击【主页】/【创建】/【几何】命令。

（2）执行【几何】/【创建】/【节点】命令，选择【偏移创建节点】，打开如图 5-14 所示的【工具】对话框，在"基准"文本框中输入坐标值"150，0，0"，在"偏移"文本框中输入值 "20"，"节点数"文本框的值为 "1"。

（3）单击【应用】命令按钮完成创建。

在输入"偏移"文本框的值之前，系统将会自动弹出如图 5-14 所示的【测量】对话框，用于判断所输入的偏移文本框中的值是否符合节点创建的要求。单击"偏移"文本框将坐标值输入即可。

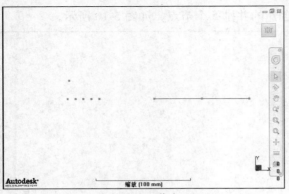

图 5-13　节点

图 5-14　参数设置

（4）创建完成的节点如图 5-15 所示。

5. 交点

（1）执行【交点】命令，打开【工具】选项卡。

图 5-15　节点

图 5-16　参数设置

　　（2）选择已经创建的直线，分别在"第一曲线"和"第二曲线"下拉列表框中输入数值，如图 5-16 所示。此时将在"交叉点"文本框中出现这两条直线相交的点的坐标，如图 5-17 所示，单击【应用】命令按钮创建。

　　（3）完成上述步骤后，得到如图 5-18 所示的交点效果。

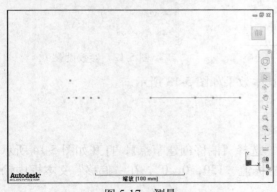

图 5-17　测量

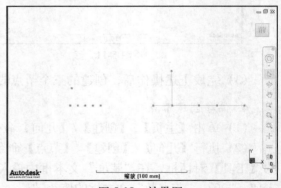

图 5-18　效果图

5.2.2　创建曲线

　　几何图形的另一个重要组成部分是线。线的类型分为直线、曲线等。线的类型不同，创建方法也不同。

1．直线

曲线可以由直线改变得到，所以在进行曲线的创建之前，可以先创建一条直线，以便于曲线的快速创建。直线的具体创建方法如下：

（1）执行【几何】/【创建】/【曲线】命令，打开曲线的下拉菜单，如图 5-19 所示。

（2）在打开的菜单中选择【创建直线】命令，如图 5-20 所示。

图 5-19　曲线命令

图 5-20　创建直线

（3）在弹出的【工具】对话框中，在"第一"文本框中输入值"100"，在"第二"文本框中输入值"200"，单击【应用】按钮完成直线创建。如图 5-21 所示。

（4）创建完成的直线如图 5-22 所示。

图 5-20　参数设置

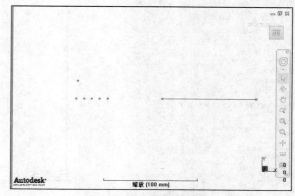

图 5-21　效果图

2．点创建圆弧

在创建的直线中改变其中的坐标点，将其弯曲变形，就可以得到曲线。点创建圆弧的操作方法如下：

（1）执行【几何】/【创建】/【曲线】命令，在菜单中选择【点创建圆弧】命令。

（2）在打开的【工具】对话框中，在"第一"文本框中输入坐标值"0，50，100"，在"第二"文本框中输入坐标值"10，30，60"，在"第三"文本框中输入坐标值"20，40，80"，并选择"圆弧"单选按钮，单击【应用】命令按钮完成参数设置。如图 5-23 所示。

（3）通过"点创建圆弧"方法实现的曲线如图 5-24 所示。

图 5-23　参数设置

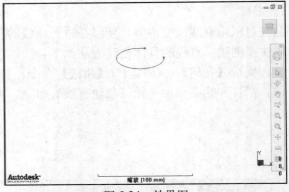

图 5-24　效果图

3. 角度创建圆弧

曲线创建的另一方法是角度创建圆弧。通过设置角度范围完成圆弧区域的建立。

（1）执行【几何】/【创建】/【曲线】命令，在菜单中选择【角度创建圆弧】命令。

（2）在打开的【工具】对话框中，进行参数设置，在"中心"文本框输入值 45，"半径"文本框输入值 20，"开始角度"文本框输入值 120，"结果角度"文本框输入值 360。如图 5-25 所示。

（3）完成参数设置后单击【应用】按钮，可以看到如图 5-26 所示的效果，其下方的曲线就是利用"角度创建圆弧"的方式实现的。

图 5-25　参数设置

图 5-26　效果图

4. 样条曲线

（1）执行【几何】/【创建】/【曲线】命令，在菜单中选择【样条曲线】命令。

（2）在打开的【工具】对话框中，进行参数设置，分别在"坐标"文本框中输入三组坐标"0，40，80"、"20，80，160"、"50，50，50"，在每输入一组坐标之后，通过【添加】命令按钮将其输入到该按钮下方的框中。如图 5-27 所示。

（3）单击【应用】命令按钮完成。在完成操作后可得到如图 5-28 所示的效果，新创建的曲线是朝上进行弯曲的。

5. 连接曲线

连接曲线是指在已经创建的两条曲线之间，通过增加一条曲线将这两条曲线连接起来，最终将三条曲线连成一条。

图 5-27　参数设置

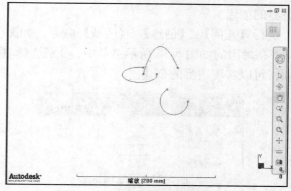

图 5-28　效果图

（1）执行【几何】/【创建】/【曲线】命令，在菜单中选择【连接曲线】命令。

（2）在打开的【工具】对话框中，分别在"第一曲线"和"第二曲线"下拉列表框中输入曲线，这里通过选择之前已经创建的曲线来完成，分别为 C3、C2，如图 5-29 所示。

（3）单击【应用】按钮，得到如图 5-30 所示的由三条曲线连接成的一条曲线的效果。其中画圈部分是在进行"连接曲线"创建后实现的，它其实也是一条曲线。

图 5-29　参数设置

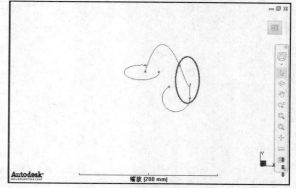

图 5-30　效果图

6. 断开曲线

断开曲线是指通过将曲线某个位置断开，实现新增加曲线的方法。

（1）执行【几何】/【创建】/【曲线】命令，在菜单中选择【断开曲线】命令。

（2）在打开的【工具】对话框中，分别为"第一曲线"和"第二曲线"的下拉列表框输入值，输入方法和连接曲线输入的参数方法相同。如图 5-31 所示。

（3）单击【应用】命令按钮结束。

5.2.3　创建边界

点、线、边界（面）是组成图形的主要要素，下面介绍如何使用 Moldflow 进

图 5-31　工具对话框

行边界的创建。

执行【几何】/【创建】/【区域】命令，如图 5-32
所示，在弹出的如图 5-33 所示菜单中，分别选择对应的
选项，可以实现边界的创建。

图 5-32　区域创建

图 5-33　菜单

关于边界的创建方法有如下几种。

1. 边界创建区域

（1）创建一条曲线，如图 5-34 所示。

（2）单击【边界创建区域】命令，打开【工具】对话框，在"选择曲线"列表框中将刚
刚创建的曲线选中执行【搜索】命令按钮完成区域范围，单击【应用】命令按钮实现创建。
如图 5-35 所示。

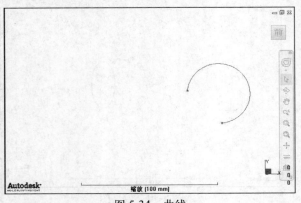

图 5-34　曲线

图 5-35　参数设置

（3）完成上述操作之后，得到如图 5-36 所示的边界区域。

2. 节点创建区域

（1）在进行"节点创建区域"操作之前，需要先建立一个节点，如图 5-37 所示，其中区
域外的节点就是新建立的。

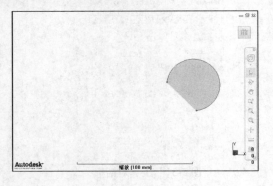

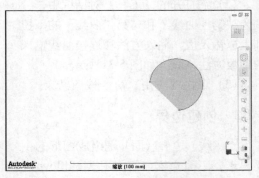

图 5-36　效果图　　　　　　　　　　　　　图 5-37　节点

（2）执行【节点创建区域】命令，打开【工具】对话框。选择区域内的两个节点及新建立的区域外节点，如图 5-38 所示。单击【应用】命令按钮完成创建。得到如图 5-39 所示的效果，其中的三角形区域就是由"节点创建区域"方法创建完成的。

图 5-38　参数设置

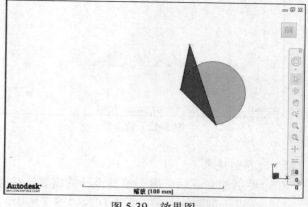

图 5-39　效果图

3. 直线创建区域

（1）首先创建一条直线，如图 5-40 所示。

（2）执行【直线创建区域】命令，打开【工具】对话框。分别为"第一曲线"、"第二曲线"下拉列表框输入值，这里将新创建的直线作为一条曲线，然后选择三角形的底边作为另一条曲线，单击【创建】命令按钮完成。如图 5-41 所示。

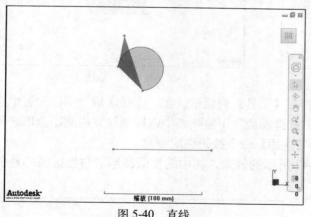

图 5-40　直线

图 5-41　参数设置

（3）完成后得到如图 5-42 所示效果，其中的大三角形就是由直线创建的区域。

4. 拉伸创建区域

拉伸创建区域是指将直线通过拉伸一定坐标轴的位置得到的平面。

（1）执行【拉伸创建区域】命令，打开【工具】对话框。在选择曲线下拉列表框中，选中之前创建的大三角形的底边，在"拉伸矢量"文本框中输入坐标值"20，160，200"，如图 5-43 所示。

（2）单击【应用】命令按钮完成创建，可得到如图 5-44 所示的效果，其中的四边形区域即是通过拉伸创建的区域。

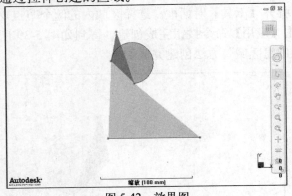

图 5-42　效果图

图 5-43　参数设置

5. 边界创建孔

在边界创建完成后，出于模型设计的需要，往往需要为其创建孔。

（1）在进行创建孔之前，需要在四边形区域内的中间位置创建曲线，如图 5-45 所示，作为孔创建的区域范围。

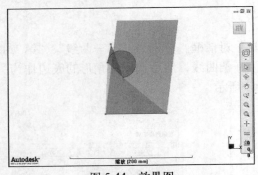

图 5-44　效果图

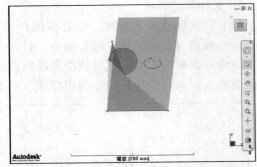

图 5-45　曲线

（2）执行【边界创建孔】命令，打开【工具】对话框。在"选择区域"下拉列表中选择已经创建完成的四边形作为其值，在"选择曲线"下拉列表中选择创建完成的四边形居中位置的曲线，具体如图 5-46 所示，单击【应用】命令按钮完成创建。

（3）创建完成后可以看到如图 5-47 所示的效果，其中的类似圆形的白色区域即是创建的孔。

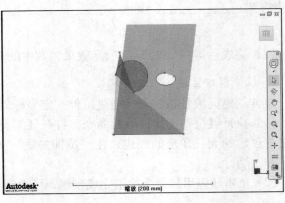

图 5-46　参数设置　　　　　　　　　　　　　　　图 5-47　效果图

6. 节点创建孔

创建孔的另一种方法是借助节点。

（1）在进行操作之前，需要创建三个节点，使三个节点能连成一个区域。在如图 5-48 所示的四边形中间的三角形中，连接它们的三个角就是新创建的节点。

（2）执行【节点创建孔】命令，打开【工具】对话框。在"选择区域"文本框中，选择四边形区域，在"选择节点"文本框中添加刚刚创建的三个节点，如图 5-49 所示，单击【应用】命令按钮完成创建。

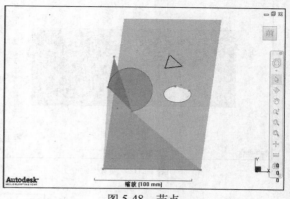

图 5-48　节点

（3）操作完成之后，得到如图 5-50 所示的四边形居中位置的三角形区域，此时可以看到，该三角形区域呈白色显示，表示它在区域内是空的。

图 5-49　参数设置

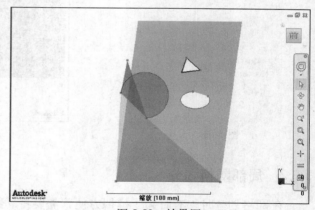

图 5-50　效果图

5.3　分析模型构建及要求

好的网格模型是获得准确的冷却、流动、翘曲的基础，有助于在 CAD 中建立易于分析的 3D 模型，并使模型的转换更顺畅。

5.3.1　网格诊断

如果要掌握模型的构建情况，首先需要对网格进行诊断，然后通过诊断后系统给出的信息，调整网格，使其达到最佳效果。网格诊断具体的方法如下：

（1）将划分了网格的模型导入 Moldflow 中，如图 5-51 所示。

（2）执行【网格】/【网格诊断】/【方向】命令，进行模型的取向分析，如图 5-52 所示。

（3）在打开的【工具】对话框中，选择系统默认参数，单击【显示】命令按钮，如图 5-53

所示，可以看到模型变成如图 5-54 所示的网格取向诊断的相关内容。

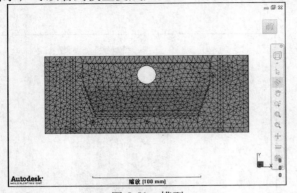

图 5-51　模型

图 5-52　菜单

图 5-53　工具

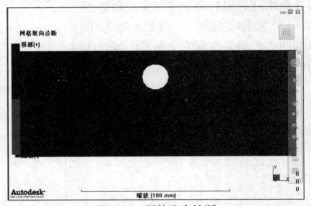

图 5-54　网格取向诊断

5.3.2　局部网格划分

在网格划分时，有时为了模拟方便，需要将局部网格细划分，这样可以减少单元数量，减少计算时间，提高精度。网格局部细分主要分两步：

1. 整体划分

整体划分是指将模型作为一个整体，对其进行网格划分操作。

2. 局部划分

局部划分是指在整体划分的基础上，选择该整体模型的一部分作为网格划分的对象。局部划分具体操作步骤如下：

（1）执行【网格】/【网格修复】/【重新划分网格】命令，如图 5-55 所示。

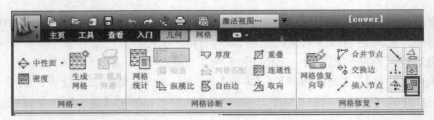

图 5-55　重新划分网格

（2）在打开的【工具】对话框中，在"实体"下拉列表中输入对应值，如图 5-56 所示，这里通过选择如图 5-57 所示的选中区域作为其值。在"目标边长度"文本框中，输入值为 5，单击【应用】命令按钮完成。

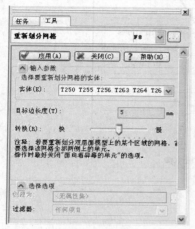

图 5-56　参数设置

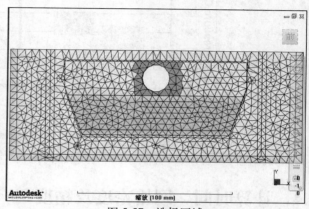

图 5-57　选择区域

（3）完成后将可以看到如图 5-58 所示的效果，部分区域网格进行了重新划分。

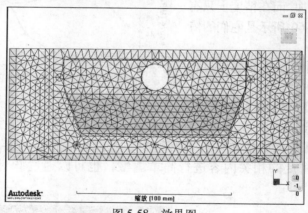

图 5-58　效果图

5.3.3　成品几何变化对充填压力的影响

成品几何的变化对充填压力有着不同程度的影响。具体的因素及相应的影响程度，如图 5-59 所示。主要有以下几方面：

（1）成品厚度对压力的影响最大

随着成品厚度的变化，它的曲线是在不断上升的，同时其水平处于流动长度和体积因素的上方。说明成品厚度随着值的提升，对压力的影响不断加强，并且影响最大。如图 5-58 所示。

（2）流动长度对压力的影响

塑料在模腔内的流动可以看成层流。如果熔胶流动长度加长，就必须提高入口压力以产生相同的压力梯度，从而维持聚合物熔胶速度。流程越长需要的入口压力越大。

（3）在成品厚度和流动长度一定的情况下，体积对压力基本没有影响。

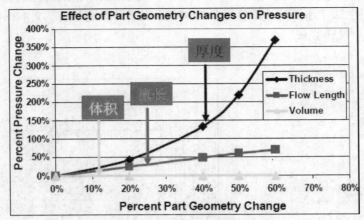

图 5-59　成品几何变化影响

5.4　计算时间、网格密度及精度

当网格的模型密度增加时，计算时间会以指数正弦曲线增加，而在精度上只有有限的提高。如图 5-60 所示是它们的值变化时的对比效果。

网格密度的查看方法具体操作步骤如下。

（1）执行【网格】/【网格】/【密度】命令，如图 5-61 所示。

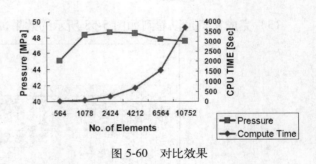

图 5-60　对比效果

（2）在打开的【定义网格密度】对话框中，可以查看相应的参数值，如图 5-62 所示。如果想对网格密度的相关内容进行简单调整，也可以通过此对话框中的相应功能来实现。

图 5-61　密度

图 5-62　定义网格密度

5.5　应用实例

在模型中，三角形和四面体这两种单元是经常被用到的。它由点、线、面组成。前面的内容中，介绍了点、线、面的创建方法，下面通过具体实例进一步了解其中的操作方法，从而实现整个单元的创建。

5.5.1　创建三角形单元

三角形单元是组成模型的常见形状。创建步骤如下：

（1）执行【几何】/【创建】/【曲线】/【创建直线】菜单命令，在打开的【工具】对话框中，输入如图 5-63 所示的参数值，单击【应用】命令按钮实现创建。

（2）使用上述同样的方法，将如图 5-64 所示和如图 5-65 所示的参数输入，并创建直线。

图 5-63　参数设置

图 5-64　参数设置

（3）上述操作完成之后，得到如图 5-66 所示的由边围成的形状。

图 5-65　参数设置

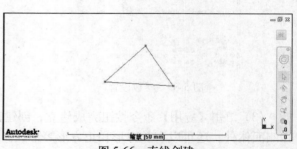
图 5-66　直线创建

（4）完成直线创建之后，执行【几何】/【创建】/【区域】/【节点创建区域】命令，打开【工具】对话框，在"选择节点"文本框中选择已经创建完成的三条直线，如图 5-67 所示，单击【应用】命令按钮完成。

（5）三角形单元效果如图 5-68 所示。

图 5-67　参数设置

图 5-68　三角形单元

5.5.2　创建四面体单元

四面体单元不同于三角形的三个方向，它多了一个方向，由四个面组成。具体的创建步骤如下：

（1）执行【几何】/【创建】/【曲线】/【创建直线】命令，在打开【工具】对话框中，输入如图 5-69 所示的参数值，单击【应用】命令按钮实现创建。

（2）执行【几何】/【创建】/【区域】/【拉伸创建区域】命令，打开【工具】对话框，在"选择曲线"下拉列表框中将刚刚创建的直线选中并添加，为"拉伸矢量"文本框输入值"50，50，100"，如图 5-70 所示。

图 5-69　参数设置

图 5-70　参数设置

（3）单击【应用】命令按钮完成建立，创建完成的四面体单元如图 5-71 所示。除三角形和四面体外，还可以有长方形和正方形等形式。

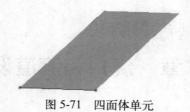

图 5-71 四面体单元

5.6 习题

一、填空题

1. Moldflow 不支持 X-T 格式。可以用 UG 导出＿＿＿＿＿和＿＿＿＿＿格式，然后再导入 Moldflow 进行分析。

2. 当网格的＿＿＿＿＿增加的时候，＿＿＿＿＿会以指数正弦曲线增加，而在精度上只有有限的提高。

3. 在模型中，＿＿＿＿＿和＿＿＿＿＿这两种单元，是经常用到的。

二、简答题

1. 简述成品几何变化对充填压力的影响。

2. 网格模型根据其格式不同，分成哪三种类型？

3. 简述双面网格的特点。

三、上机操作

1. 综合所学知识，创建如图 5-72 所示的三角形单元。

关键提示：

（1）该单元的绘制方法，参照本章的实例操作。

（2）建议使用【节点创建区域】菜单命令完成创建。

2. 综合所学知识，创建如图 5-73 所示的四面体单元。

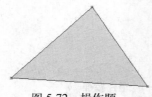

图 5-72 操作题一

图 5-73 操作题二

（1）该单元的绘制方法，参照本章的实例操作。

（2）建议使用【拉伸创建区域】菜单命令完成创建。

3. 综合所学知识，练习节点、曲线的创建。

关键提示：首先进行工程、任务的建立，然后使用菜单命令分别通过对应的功能菜单实现创建。

第6章 浇口和流道设计

 内容提要

浇口设计是模具浇注系统设计的重要内容之一。浇口设计主要解决浇口形式、结构尺寸、进浇位置等问题，因此，必须了解浇口种类及其结构、尺寸对成型过程的影响。

流道是指液压系统中流体在元件内流动的通路。流道系统由主流道、分流道、横浇道及型腔进料口组成。

本章主要介绍浇口和流道设计，包括浇口位置的选择、浇口的配置、浇口的类型，以及流道的建立和流道系统的形成等。

6.1 浇口设计

塑料熔体从流道进入型腔的最后关口就是浇口。浇口是浇注系统末端与型腔连接的通道，也是浇注系统中最薄弱最关键的部分。结合补缩、冷却等要求，选定合理的设计方案，确定浇口数量、浇口形式和进浇位置，这是浇口设计需要处理的。

6.1.1 浇口位置的选择

浇口位置的确定对模具设计非常关键。设计模具时，进浇位置选择是与总体结构设计、型腔布置、浇注系统设计等同步进行的。在确定浇口位置时，主要需遵循以下几个原则，如图 6-1 所示。

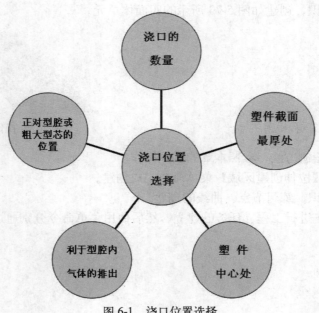

图 6-1　浇口位置选择

1. 塑件截面最厚处

浇口应尽量开设在塑件截面最厚处，这样可使浇口处冷却较慢，有利于熔料通过浇口往型腔中补料，同时不易出现凹陷等缺陷。另外，将浇口放置于产品最厚处，还有以下几点好处：

（1）从最厚处进浇可提供较佳的充填及保压效果。

（2）如果保压不足，较薄的区域会比较厚的区域更快凝固。

（3）避免将浇口放在厚度突然变化处，以避免迟滞现象或是短射的发生。

如图 6-2 所示可以看出为什么要将浇口开在塑件截面最厚处。

2. 塑件中心处

浇口的位置应使熔料的流程最短，流向变化最小，能量损失最小。一般浇口处于塑件中心处效果较好。将浇口放置于产品中央可提供等长的流长，流长的大小会影响所需的射出压力，中央进浇使得各个方向的保压压力均匀，可避免不均匀的体积收缩。如图 6-3 所示。

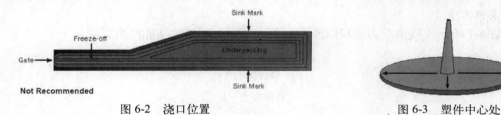

图 6-2 浇口位置   图 6-3 塑件中心处

3. 利于型腔内气体的排出

浇口的位置应有利于型腔内气体的排出。若进入型腔的熔料过早地封闭了排气系统，会使型腔中的气体难以排出，影响制品质量。这时，应在熔料到达型腔的最后位置开设排气槽，以利排气。

4. 正对型腔或粗大型芯的位置

浇口位置应开设在正对型腔或粗大型芯的位置，使高速熔料流直接冲击在型腔或型芯壁上，从而改变流向、降低流速，平稳地充满型腔，消除塑件上明显的熔接痕，避免熔体出现破裂。

5. 浇口的数量

浇口的数量切忌过多，若从几个浇口进入型腔，产生熔接痕的可能性会大大增加，如无特殊需要，不要设置两个以上的浇口。

6.1.2 对功能的影响

浇口对塑件功能的影响，主要有以下几点。

1. 影响因素

主要有三方面的内容。

（1）浇口位置会影响保压压力

浇口位置会影响保压压力。保压压力的大小、保压压力是否平衡，都影响着产品功能。对其进行分析的过程中，可以看到其相应的效果，如图 6-4 所示。

（2）保压压力不均匀

保压压力不均匀容易导致产品不均匀的体积收缩。对其进行分析过程中，可以看到其相应的效果，如图 6-5 所示。

（3）不均匀的体积收缩

不均匀的体积收缩会导致产品的翘曲变形。对其进行分析过程中，可以看到其相应的效果，如图 6-6 所示。

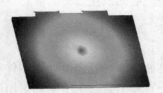 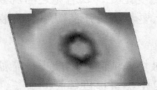 

图 6-4　保压压力的影响　　　图 6-5　保压压力不均匀　　　图 6-6　不均匀的体积收缩

2. 其他考量

如图 6-7 所示，残留应力偏移以及产品美观等也会对塑件功能产生影响。

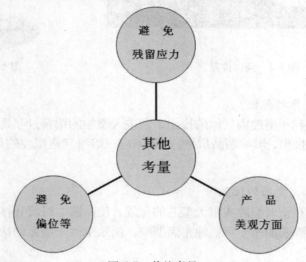

图 6-7　其他考量

（1）避免残留应力

将浇口远离产品未来受力位置（如轴承处），以避免残留应力。

（2）产品美观方面

浇口位置必须加入产品美观方面的考量。

（3）避免偏位等

浇口位置必须考虑排气，以避免积风发生，不要将浇口放在产品较弱处或嵌入处，以避免偏位。

6.1.3　选择适当浇口位置的技巧

浇口的设计与位置的选择恰当与否，直接关系到塑件能否高质量地注射成型。选择适当浇口位置的技巧如图 6-8 所示。

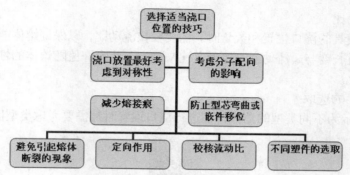

图 6-8　选择适当浇口位置的技巧

（1）浇口放置最好考虑到对称性

浇口对称可以避免产品翘曲变形；另外，不对称的流长会导致某些区域先填满甚至先凝固，可能造成产品不均匀的体积收缩，从而导致产品翘曲变形。具体如图 6-9 所示。

（2）考虑分子配向的影响

在进行浇口位置的选择过程中，分子配向的影响也是需要考虑的因素之一。如果产品为狭长形，从单侧进浇可提供单一方向的均匀塑流，虽然产品两端的体积收缩会不同，但是不会有翘曲变形的问题发生；分子配向方向不同通常会导致翘曲。如图 6-10 所示。

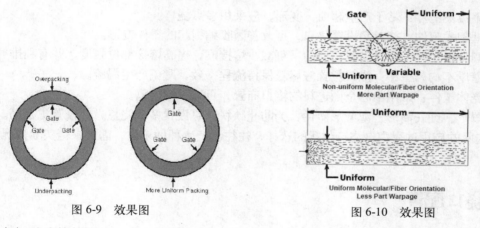

图 6-9　效果图　　　　　　　　　　图 6-10　效果图

（3）减少熔接痕

浇口位置应使熔料流从主流道到型腔各处的流程相同或相近，以减少熔接痕的产生。

（4）防止型芯弯曲或嵌件移位

对于有型芯或嵌件的塑件，特别是有细长型芯的筒形塑件，应避免偏心进料，以防型芯弯曲或嵌件移位。

（5）避免引起熔体断裂的现象

浇口的位置应避免引起熔体断裂的现象。当小浇口正对着宽度和厚度很大的型腔时，高速熔料流通过浇口会受到很高的剪切应力，由此产生喷射和蠕动等熔体断裂现象。而喷射的熔体易造成折叠，使制品上产生波纹痕迹。

（6）定向作用

塑料熔体在通过浇口高速射入型腔时，会产生定向作用。浇口位置应尽量避免高分子的定向作用产生的不利影响，而应利用这种定向作用对塑件产生有利影响。

（7）校核流动比

在确定一种模具的浇口位置和数量时，需要校核流动比，以保证熔体能充满型腔。流动比是由总流动通道长度与总流动通道厚度之比来确定，其允许值随熔体的性质、温度、注射压力等不同而变化。

（8）不同塑件的选取

如图 6-11 所示为不同类型的塑件，在进行浇口设置时都需要考虑类型因素。

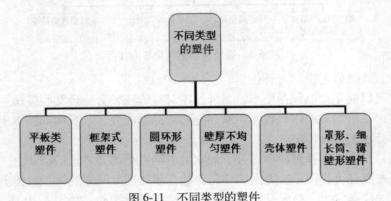

图 6-11 不同类型的塑件

- 平板类塑件：易于产生翘曲、变形，应采用多点浇口。
- 框架式塑件：按对角设置浇口，可改善因收缩引起的塑件变形。
- 圆环形塑件：浇口安置在切向，可减少熔接痕，提高熔接部位强度，并有利排气。
- 壁厚不均匀塑件：浇口位置应尽量保持流程一致，避免产生涡流。
- 壳体塑件：采用中心全面进料的浇口布置，可减少熔接痕。
- 罩形、细长筒形、薄壁形塑件：为防止缺料，可设置多个浇点，并设置工艺筋。

在实际的应用过程中，浇口位置的选择，往往会产生种种矛盾，需要根据实际情况灵活处理。

6.2 浇口配置

浇口的配置由以下几方面内容组成。

6.2.1 浇口类型

根据不同的划分方式，浇口被分成不同的类型。较常见的浇口类型主要有以下几种：

1. 浇口两大类

浇口可分为限制性浇口和非限制性浇口两大类。

限制性浇口是整个浇注系统中截面尺寸最小的部位，通过截面尺寸的突然变化使分流道送来的塑料熔体产生突变的流速增加，提高剪切速率，降低黏度，使其成为理想的流动状态，从而迅速均衡地充满型腔。

非限制性浇口是整个浇注系统中截面尺寸最大的部位，它主要是对中大型筒类、壳类塑件型腔起引料和进料后的施压作用。

2. 按浇口的结构形式和特点划分

按浇口的结构形式和特点，常用的浇口可分为以下几种形式。

（1）直接浇口

直接浇口如图 6-12 所示，它是主流道浇口，属于非限制性浇口。塑料熔体由主流道的大端直接进入型腔，因而具有流动阻力小、流动流程短及补给时间长等特点。但是直接浇口也有一定的缺点，如进料处有较大的残余应力而导致塑件翘曲变形，由于浇口较大驱除浇口痕迹较困难，而且痕迹较大，影响美观。所以这类浇口多用于注射成型大，中型长流程深型腔筒型或翘型塑件，尤其适合如聚碳酸脂、聚砜等高黏度塑料。另外，这种形式的浇口只适合于单型腔模具。

在设计浇口时，为了减小与塑件接触处的浇口面积，防止该处产生缩口、变形等缺陷，一方面应尽量选用较小锥度的主流道锥角 a(a=2"4 度)，另一方面尽量减小定模板和定模座的厚度。

直接口有良好的熔体流动状态，塑料熔体从型腔底面中心部位流向分型面，有利于排气。而且这样的形式使塑件和浇注系统在分型面上的投影面积最小，模具结构紧凑，注射机受力均匀。

（2）中心浇口

当筒类或壳类塑件的底部中心或接近于中心部位有通孔时，内浇口就开设在该浇口处，同时中心设置分流锥。这种类型的浇口实际上这是直接浇口的一种特殊形式，具有直接浇口的一系列优点，而且克服了直接浇口易产生缩孔、变形等缺陷。中心浇口如图 6-13 所示，它其实也是端面进料的环行浇口，在设计时，环行的厚度一般不小于 0.5mm，进料口环行的面积大于主流道小端面积时，浇口为非限制性浇口；反之，浇口为限制性浇口。

（3）侧浇口

侧浇口在国外称为标准浇口，它一般开设在分型面上，塑料熔体从内侧或外侧充满模具型腔，其截面形状多为矩形（扁槽），改变浇口宽度与厚度可以调节熔体的剪切速率及浇口的冻结时间。这类浇口可根据塑件的形状特征选择其位置，因为加工和修整方便，所以应用较广泛。其优点是由于浇口截面小，可以减小浇注系统塑料的消耗量，去除浇口容易，痕迹不明显。其缺点是有熔接痕存在，注射压力损失较大，使深型腔塑件的排气不利。侧浇口还可分为扇形浇口和平缝浇口，如图 6-14 所示是扇形浇口。

图 6-12　直接浇口

图 6-13　中心浇口

（4）环行浇口

对型腔填充采用圆环形进料形式的浇口称为环行浇口，如图 6-15 所示。其特点是进料均匀，圆周上各处流速大致相同，流动状态好，型腔中的空气容易排除，熔接痕可以避免。浇口设计在型心上，浇口的厚度 t=0.25"1.6mm，长度 l=0.8"1.8mm。端面进料的搭接式环行浇口，搭接长度 L1=0.8"1.2mm，总长 L 可取 2"3mm。环行浇口主要用于成型圆筒型无底塑件，但是浇注系统耗料较多，浇口去除困难，浇口痕迹明显。

图 6-14　扇形浇口

图 6-15　环行浇口

6.2.2　浇口建立

在实际的浇口建立过程中，除了要在模型中创建浇口，同时还需要考虑相关因素，确定浇口的类型等。关于浇口的建立及其相关操作，具体方法如下：

1. 浇口类型确定

在实际的设计过程中，在进行浇口创建之前，确定浇口类型是首要任务。

（1）侧浇口

侧浇口如图 6-16 所示，在实际的浇口建立过程中，需要结合实际，参照以下几点内容，来考虑是否选择该种浇口。

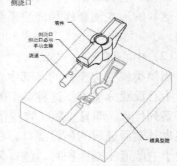

图 6-16　侧浇口

- 由于浇口须用手工方法或自动化方法去除，所以不适合于年产量大的情况。去除浇口总会需要额外的加工并会增加成本。
- 它仅适合于每年生产中小批量的场合。
- 凹入式浇口是首选的浇口类型，它在功能部件表面留下的痕迹最小。
- 一般是沿着分模线分布。

（2）潜入式浇口

潜入式浇口如图 6-17 所示，在实际的浇口建立过程中，需要结合实际，参照以下几点内容来考虑是否选择该种浇口。

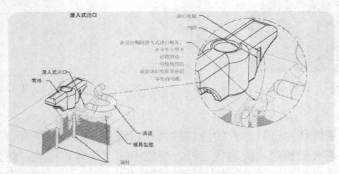

图 6-17　潜入式浇口

- 在成型工艺的零件顶出阶段，浇口自动从零件断开。
- 适合于每年从小到大批量生产的场合。
- 浇口留下的痕迹最轻，或者在部件外表面以下与部件断离。
- 在凹陷表面应采用潜入式浇口，以使功能部件表面上的痕迹最小。

（3）可拆除支杆的潜入式浇口

可拆除支杆的潜入式浇口如图 6-18 所示，在实际的浇口建立过程中，需要结合实际，参照以下几点内容来考虑是否选择该种浇口。

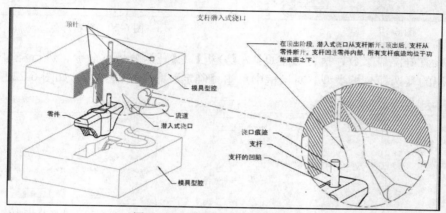

图 6-18　可拆除支杆的潜入式浇口

- 在成型工艺的零件顶出阶段，浇口自动与支杆断开。
- 支杆在零件出模后拆除，此过程通常不是自动完成。
- 支杆最好位于 MIM 部件的凹陷槽内，以便支杆在组件表面以下断离。
- 适合于每年小规模到中等规模的生产。
- 支杆及相关的凹陷或槽应设在非修饰表面。

2. 浇口尺寸

浇口尺寸的确定方法如下：

（1）在材料数据库中找到 share rate 数据的大小。

材料数据库不单单适用于材料。在很多时候，它还可以帮助确立一些相应的参数，例如浇口尺寸。通过材料数据库中的 share rate 数据的大小，可以协助确认浇口的尺寸。

（2）以 share rate 数据为指导，进行确认。

需要保持浇口处的 share rate 值低于材料的限制值。如果浇口的几何允许的话，最好降低 share rate 到 20000 1/sec 左右。

3. 创建方法

下面通过创建浇口，掌握相应的操作方法。

（1）如图 6-19 所示是导入 Moldflow 中需要进行浇口位置分析的模型。

（2）执行如图 6-20 所示的【主页】/【成型工艺设置】/【分析序列】命令，进行分析内容的选择。

（3）在打开的【选择分析序列】对话框中，选择"浇口位置"选项，单击【确定】命令按钮完成，如图 6-21 所示。

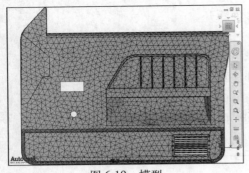

图 6-19　模型

图 6-20　分析序列

（4）设置好浇口参数，执行【主页】/【分析】/【开始分析】命令，进行浇口位置的分析。在弹出的【选择分析类型】对话框中单击【确定】命令按钮开始，如图 6-22 所示。

图 6-21　选择分析序列

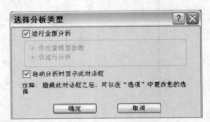

图 6-22　选择分析类型

6.2.3　浇口设定

在进行开始分析之前，为了让分析模型的浇口设定更合理，可以对其参数进行设置。具体方法是：

（1）在如图 6-23 所示的【方案任务】选项卡中，鼠标双击【工艺设置】选项。

（2）在打开的【工艺设置向导-浇口位置设置】对话框中，设置浇口数量为 4，如图 6-24 所示。同时单击【高级选项】命令按钮继续进行相关设置。

图 6-23　方案任务

图 6-24　浇口设置

（3）在打开的【浇口位置高级选项】对话框中，将最小厚度比值设为 1：2，单击【确定】命令按钮完成设置。如图 6-25 所示。

（4）在进行设置的过程中，系统将出现如图 6-26 所示的对话框，单击【删除】命令按钮即可。

图 6-25 浇口设置

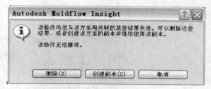

图 6-26 提示内容

（5）完成上述操作之后，等待系统进行分析。在出现如图 6-27 所示的分析完成的提示后，说明分析结束并且成功。因为浇口位置确定关系到多方面的因素，在分析过程中可能会需要多次更改相应条件。

（6）这里可以通过"分析日志"中的参数，进行浇口位置的确定。如图 6-28 所示。

图 6-27 分析完成

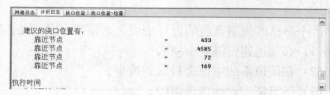

图 6-28 浇口位置

（7）在分析完成后，通过选中【方案任务】选项卡中的【流动阻力指示器】复选框，如图 6-29 所示，进行参数的进一步查看。

（8）流动阻力指示器的相关内容以及分析结果如图 6-30 所示。根据这些内容，可以非常清楚地掌握浇口应该设置在什么位置。

图 6-29 结果

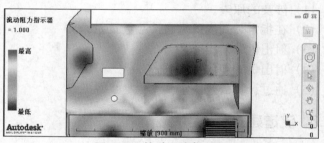

图 6-30 流动阻力指示器

6.3 流道设计

如图 6-31 所示是一些流道系统设计图。在下面的内容中，将具体介绍有关流道系统的设计方法，以及设计过程中的一些重要知识点。

6.3.1 流道系统形成

流道系统可以有多种形式，如图 6-32 所示。隔热式、内热式和外热式是较常见的几种形式。流道系统的形成，可以通过流道系统设计的相关内容，以及模穴数的决定策略这两方面内容来展开。

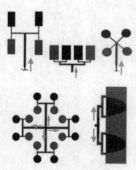

图 6-31 流道设计

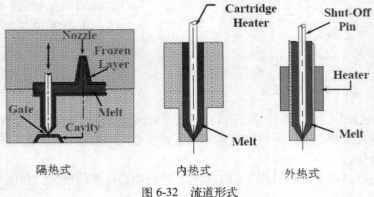

图 6-32　流道形式

一个合格的流道系统的设计形成，必须符合以下几点设计特性。

（1）必须迅速充满整个模穴。

（2）在流道系统中使废料减到最少。

（3）尽可能一致地传送熔胶。

（4）不需额外冷却时间，以免增加整个生产周期时间。

除了上述需要注意的内容之外，模穴数的决定策略，也是流道系统形成的重要组成部分。如图 6-33 所示是人工平衡的模穴。

决定模穴数应注意参考以下因素：

（1）涉及的原素。

（2）在指定时间内所需之产品数量。

（3）射出机的射出容量。

（4）射出机的塑化能力。

（5）通过计算公式决定。

图 6-33　人工平衡模穴

6.3.2　流道建立

流道的建立需要解决流道直径尺寸、使用 Moldflow 软件预估流道直径等问题。

1. 决定流道直径尺寸

是否科学地决定流道直径尺寸，关系着整个流道系统的设计合理与否。流道直径尺寸的决定方法，可以通过以下几方面内容的综合考量获得，如图 6-34 所示。

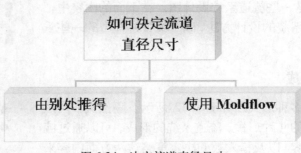

图 6-34　决定流道直径尺寸

（1）由别处推得

根据日常积累的数据图表，以及实际工作中的经验确定合理的流道直径尺寸。

（2）使用 Moldflow

通过 Moldflow 中的"充填分析"（主要针对剪应力、温度的上升/下降这几点）、"流道平衡"（主要是人工的平衡）、"冷却分析"（主要检查所需要之冷却时间）等功能预估流道尺寸，同样可以做到对流道直径尺寸的准确把握。

2．使用 Moldflow 软件预估流道直径

借助 Moldflow 执行相关数据的分析，可以获取最好的流道直径的相关数据。

（1）利用充填分析决定浇口及流道的尺寸

● 剪应力小于所建议的最大值。

● 熔胶在流道中的温度变化应小于8℃。

（2）在不平衡的多模穴系统中利用流道平衡分析（Runner Balance analysis）决定流道的直径，如图 6-35 所示。

● 在相同形状的多模穴系统中使用不对称的流道路线。

● 使用不同形状的多模穴系统(Family mold)。

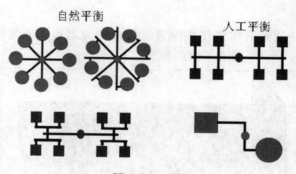

图 6-35 平衡

6.3.3 流道限制

使用热流道可以提高原料的利用率和生产效率，缩短成型周期，降低成本，但在使用过程中也有一定的限制。热流道使用的限制及局限性如下：

（1）使用热流道必须选择适合的塑料品种，并不是所有的塑料制品都可以使用热流道。

（2）热敏性塑料有更大的烧焦危险，在注塑筒中塑化后必须防止热流道中过热。一些热流道系统里的"死点"会使塑料停滞，并有分解危险。

（3）原材料的机械杂质会使系统脆弱，造成浇口堵塞。

（4）需要一定的使用经验来避免浇口流延或喷嘴泄漏塑料。

（5）由于喷嘴直径关系，一些小型腔的数目和分布受限制。

（6）使用热流道使模具的厚度增加，超过注塑机的允许尺寸。

（7）如果缺少专业的培训，使用者很容易损坏模具，而且热流道维修起来比较麻烦。

结合下面表格中一般所建议的流道直径，可以对流道限制的相关内容更加全面地认识，具体数据如表 6-1 所示。

表 6-1　建议的流道直径

Material	Diameter（in.）	Diameter（mm.）
ABS,SAN	0.187-0.375	4.7-9.5
Acetal	0.125-0.375	3.1-9.5
Acrylic	0.312-0.375	7.5-9.5
Cellulosics	0.187-0.375	4.7-9.5
Ionomer	0.093-0.375	2.3-9.5
Nylon	0.062-0.375	1.5-9.5
Polycarbonate	0.187-0.375	4.7-9.5
Polyester	0.187-0.375	4.7-9.5
Polyethylene	0.062-0.375	1.5-9.5
Polypropylene	0.187-0.375	4.7-9.5
PPO	0.250-0.375	6.3-9.5
Polysulfone	0.250-0.375	5.3-9.5
Polystyrene	0.125-0.375	3.1-9.5
PVC	0.125-0.375	3.1-9.5

6.4　应用实例

　　根据已掌握知识，通过具体模型实例进行浇口和流道系统的整体设计。导入模型到 Moldflow 中，如图 6-36 所示是准备就绪的模型。

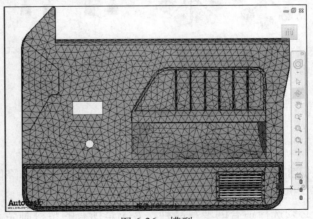

图 6-36　模型

6.4.1　浇口

　　针对导入的模型，使用 Moldflow 进行浇口分析的操作方法如下：
　　（1）执行【主页】/【成型工艺设置】/【工艺设置】命令，如图 6-37 所示。

图 6-37　工艺设置

（2）在打开的【工艺设置向导-浇口位置设置】对话框中，在【浇口数量】文本框中输入值"1：10"，其他值保持系统默认不变。单击【确定】按钮完成操作，如图 6-38 所示。

图 6-38 浇口数量

（3）在打开的【工艺设置向导-浇口位置设置】对话框中，执行【高级选项】命令按钮，打开【浇口位置高级选项】对话框，在【最小厚度比】文本框中输入值"0.01:1.2"，其他值保持系统默认不变。单击【确定】命令按钮完成，如图 6-39 所示。

图 6-39 最小厚度比

（4）在进行设置的过程中，系统将出现如图 6-40 所示的对话框，单击【删除】命令按钮即可。

（5）进行浇口位置分析。执行【主页】/【成型工艺设置】/【分析序列】命令，如图 6-41 所示。

图 6-40 提示信息

图 6-41 分析序列

（6）打开【选择分析序列】对话框，选择【浇口位置】选项，单击【确定】命令按钮，如图 6-42 所示。

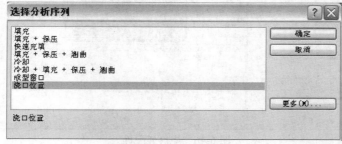

图 6-42 选择分析序列

（7）执行【主页】/【分析】/【开始分析】命令，进行浇口位置分析，如图 6-43 所示。

（8）在弹出的【选择分析类型】对话框中，单击【确定】命令按钮，如图 6-44 所示。

图 6-43　开始分析　　　　　　　　　　　　　　　图 6-44　选择分析类型

（9）系统将自动进行分析，分析完成后，在 Moldflow 的日志中可以查看各项数据信息。在"方案任务"选项卡中，选中"流动阻力指示器"复选框可查看该项目，如图 6-45 所示。

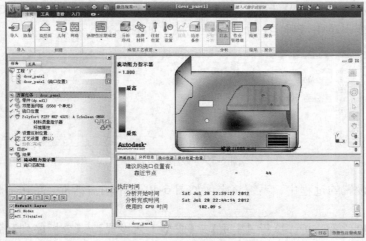

图 6-45　流动阻力指示器

（10）在"方案任务"选项卡中选中"浇口匹配性"复选框，可以查看如图 6-46 所示的内容。

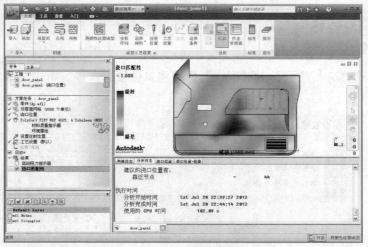

图 6-46　浇口匹配性

（11）如图 6-47 所示即建议的浇口位置，它靠近节点 44。

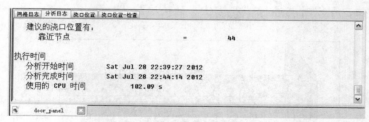

图 6-47 分析日志

6.4.2 流道系统

在分析得出了浇口位置后，就可以进行流道系统的建立了。

（1）执行【几何】/【创建】/【流道系统】命令，开始流道系统的创建，如图 6-48 所示。

（2）在打开的【布置】对话框中，以系统
默认值进行设置，单击【下一步】按钮，如图
6-49 所示。

图 6-48 菜单命令

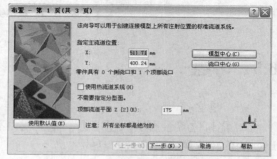

图 6-49 "布置"对话框

 在【布置】对话框中，通过选择"使用热流道系统"复选框，可以进行热流道系统的设计。

（3）在【注入口/流道/竖直流道】对话框中，进行"主流道"、"流道"、"竖直流道"的相关参数设置，这里保持系统默认值不变，如图 6-50 所示。

（4）在【浇口】对话框中，进行"顶部浇口"的相关参数设置，以系统默认值作为其值，如图 6-51 所示。

图 6-50 "注入口/流道/竖直流道"对话框

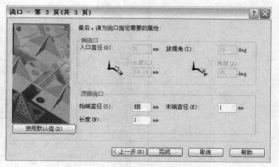

图 6-51 "浇口"对话框

（5）在完成上述操作之后，可以在窗口中看到浇口以及流道已经创建完成，如图 6-52 所示。

在【浇口】对话框以及【注入口/流道/竖直流道】对话框中，选择"使用默认值"命令按钮，可以对其进行"默认值"的快速应用。

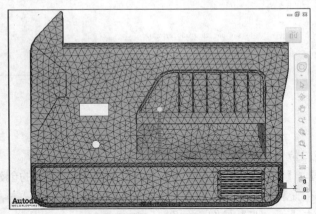
图 6-52　效果图

6.5　习题

一、填空题

1. 浇口位置会影响保压压力，保压压力不均匀，容易导致产品不均匀的_____。不均匀的体积收缩，会导致产品的_____。

2. 按浇口的结构形式和特点，常用的浇口有_____、_____、_____。

3. 流道尺寸直径可以由_____和_____两种方法决定。

二、简答题

1. 浇口可分为限制性浇口和非限制性浇口两大类，分别概述它们的含义。

2. 简单介绍在确定浇口位置时，需遵循的几个主要原则。

3. 将浇口放置于产品最厚处有哪些用处？

三、上机操作

1. 综合所学知识，进行如图 6-53 所示模型的浇口分析。

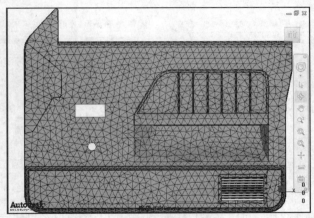
图 6-53　操作题一

关键提示：

（1）使用 Moldflow 进行浇口位置确定。

（2）获得浇口位置的相关数据。

2. 综合所学知识，进行如图 6-54 所示模型的流道设计。

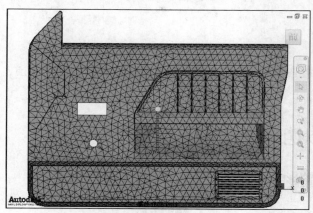

图 6-54　操作题二

关键提示：

（1）首先进行浇口确立并进行相关的模型分析。

（2）操作方法参照本章的实例。

第 7 章　制程条件

内容提要

本章主要介绍制程条件的相关影响因素以及成型条件的设定方法，并着重对制程条件进行分析。

7.1　制程条件对生产的影响

制程条件对生产的影响主要有以下几方面，如图 7-1 所示。

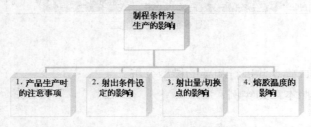

图 7-1　制程条件对生产的影响

7.1.1　生产时的注意事项

为了避免制程条件对生产造成过多影响，在进行操作过程中，需要掌握以下几点要求。

（1）射出压力：生产时所需压力过高会造成短射。

（2）锁模力：生产时所需锁模力过高会造成机器成本提高以及发生毛边及溢料的几率增加。

（3）成型时间：成型时间过长会增加机器使用成本。

7.1.2　射出条件设定的影响

设定模具的射出条件是用来控制制程的手段。射出条件的设定同样对制程条件起着作用。例如，较长的充填时间，较慢的射出速度；较短的充填时间，较快的射出速度，如图 7-2 所示。射出条件设定的影响具体内容如下：

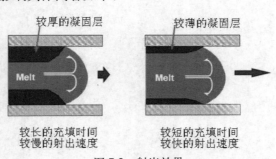

图 7-2　射出效果

1. 充填时间 VS 射出压力

C-mold 可以根据选用机器规格、塑件体积和射出压力所求得的最高射出速度估算充填时间。假如需要使用较高的射出压力时，会降低射出速度，导致更长的充填时间。如图 7-3 所示是充填时间 VS 射出压力的效果。

2. 射出速度的影响

射出速度的影响需要将其与射出压力进行比较。射出速度过快、过慢，都是不行的，二者之间有着密不可分的联系。如图 7-4 所示是射出速度 VS 射出压力的效果。

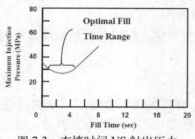

图 7-3　充填时间 VS 射出压力

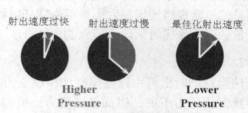

图 7-4　射出速度 VS 射出压力

3. 射出速度历程的影响

射出速度的设定是控制熔胶充填模具时间及流动模式的关键，是流动过程中最重要的条件。射出速度的调整正确与否对产品外观品质有很大影响。射出速度历程一样影响着生产。

如图 7-5 所示是其中一种射出速度历程。它采用"等速推进"的方式，通过产品的外形以及厚度调整射出速度。

射出速度历程的另一方式如图 7-6 所示。它由外向内，熔胶通过浇口，直至模穴填满。

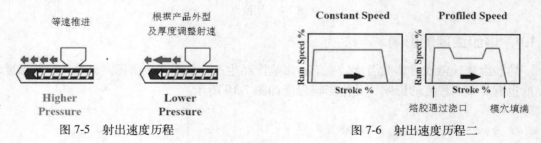

图 7-5　射出速度历程

图 7-6　射出速度历程二

4. 射出历程的重要性

射出历程的重要性如图 7-7 所示。主要体现在流率控制阶段、短射、保压阶段。

（1）流率控制阶段

在充填过程中，由于模穴尚未填满，塑料前缘为大气压状态（或是抽真空）。在正常充填过程下，若射压够高，塑料将以设定的流量曲线（或是螺杆行程曲线）顺利填模。此阶段称为流率控制（Flow-Rate Controlling）阶段。

（2）短射

随着充填范围增加，塑料填模的流动阻力将逐渐增加，反映出来的就是模穴压力（Cavity Pressure）的增加。模穴压力是一种背压（Back Pressure），是塑料流动阻力的表征。模穴压上升越快，代表流动阻力越大。塑料在充填过程中需能克服流动阻力迅速填满模穴，否则若射压不足，射速不够，流动就会停止，造成短射。

（3）保压阶段

在模穴将填满时，模穴压会发生上升的现象，此时已经难以用流率控制螺杆前进。一般会将操作切换至压力控制阶段，而操作过程也切换至保压阶段。

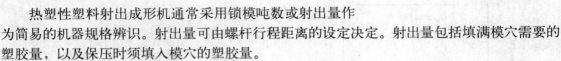

图 7-7 射出历程

7.1.3 射出量／切换点的影响

1. 射出量

热塑性塑料射出成形机通常采用锁模吨数或射出量作为简易的机器规格辨识。射出量可由螺杆行程距离的设定决定。射出量包括填满模穴需要的塑胶量，以及保压时须填入模穴的塑胶量。

2. 切换点

切换点是射出机由速度控制切换成压力控制的点。螺杆前进行程过短（切换点过早），会导致保压压力不足。假如保压压力比所需射出压力还低，产品可能发生短射。通过如图 7-8 所示的【工艺设置向导】选项卡中的【速度/压力切换】下拉列表框中的选项，可以调整切换点。

图 7-8 切换点

7.1.4 熔胶温度的影响

熔胶温度较低或者熔胶温度较高都将影响产品生产，如图 7-9 所示。另外，熔胶温度对黏度也有着不同程度的影响。具体影响程度如图 7-10 所示。

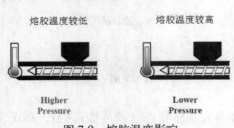

图 7-9 熔胶温度影响

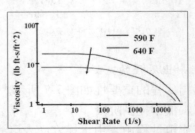

图 7-10 熔胶温度对黏度的影响

7.2 制程条件对产品的影响

制程条件对产品有着不可忽视的影响。本节主要通过保压压力、保压时间、熔胶温度、冷却液温度、冷却液流率和冷却时间等几类因素展开介绍，如图 7-11 所示。

图 7-11 制程条件对产品的影响

7.2.1 保压压力

模制品的比容取决于保压阶段浇口封闭时的熔料压力和温度。如果每次从保压切换到制品冷却阶段的压力和温度一致，那么制品的比容就不会发生改变。在恒定的模塑温度下，决定制品尺寸的最重要参数是保压压力，影响制品尺寸公差的最重要的变量是保压压力和温度。

1. 压力对产品收缩的影响如图 7-12 所示。

（1）高保压压力能够降低产品收缩的几率。

（2）补充进入模穴的塑料越多，越容易避免产品的收缩。

2. 压力对翘曲变形的影响如图 7-13 所示。

（1）高保压压力通常会造成产品不均匀收缩，导致产品的翘曲变形

（2）对薄壳产品而言，由于压力降低更明显，翘曲变型的情况会更加严重

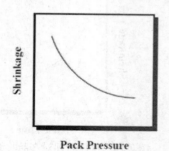

图 7-12 压力对产品收缩的影响

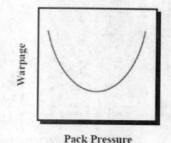

图 7-13 压力对翘曲变形的影响

3. 保压的影响

（1）过保压（Over packing）

当过保压时，会发生如下情况：

- 保压压力高，浇口附近体积收缩量少；
- 远离浇口处保压压力低且体积收缩量较大；
- 导致产品翘曲变形，产品中央向四周推挤；
- 形成半球形（Dome Shape）。

（2）保压不足（Under packing）。

当保压不足时，会发生如下情况：

- 浇口附近压力低；
- 远离浇口处压力更低；

- 导致产品翘曲变形，产品中央向四周拉扯；
- 形成马鞍形（Twisted shape）。

7.2.2 保压时间

对于注塑成型的制品，要检验其是否合格需要检测很多方面，比如其力学性能、制品的表面质量和制品尺寸精度等。

1. 保压压力和保压时间对制品厚度分布的影响

在注塑成型中，聚合物熔体是粘弹性熔体，压力的传递不能像固体那样均匀一致。在模腔内压力的分布是不均匀的，如图 7-14 所示。模腔内不均匀的压力分布会导致在模腔内不同位置的聚合物熔体的致密程度和收缩程度的不一致，从而造成塑件虽然在设计时候厚度是均匀，但最后成型的制品在厚度上却不一致。

2. 保压时间对产品收缩的影响。 如图 7-15 所示。

（1）保压时间如果够长，并足够使浇口凝固，则可降低体积收缩的机会。

（2）浇口凝固后，保压就无效果。

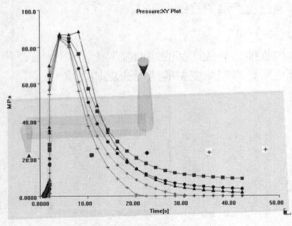

图 7-14 压力的不均匀分布

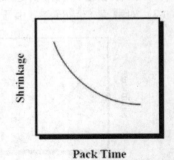

图 7-15 保压时间对产品收缩的影响

7.2.3 熔胶温度、冷却液温度、冷却液流率、冷却时间

熔胶温度、冷却液温度、冷却液流率和冷却时间等也会对产品产生影响。其表现如下：

1. 熔融温度的影响

熔融温度的影响如图 7-16 所示。

（1）熔融温度越高，塑胶维持熔融状态越久，越容易造成体积收缩。

（2）冷却时间越长，产品体积收缩的机会越大。

2. 冷却温度的影响

冷却温度的影响如图 7-17 所示。

（1）不均衡的冷却温度会造成产品的翘曲变形。

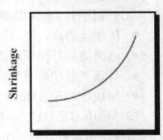

图 7-16 熔融温度的影响

（2）产品变形时会向较热的一侧弯曲。

3. 冷却对于收缩及翘曲变形的影响

冷却对于收缩及翘曲变形的影响如图 7-18 所示。

（1）冷却时间越短，翘曲变形的几率越低。

（2）对半结晶性材料尤其明显。

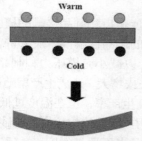

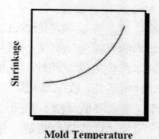

图 7-17　冷却温度的影响　　　　　图 7-18　冷却对于收缩及翘曲变形的影响

7.2.4　一些注意细节

（1）流道/浇口有突然急剧变化。

（2）非圆形之流道系统。

（3）对称性多模穴配置。

（4）模具之热流道与阀浇口的使用。

（5）建立具有锥度的流道及浇口，如图 7-19 所示。

具有锥度的流道可由起始直径(Din)及半锥用(Φ)来建立。

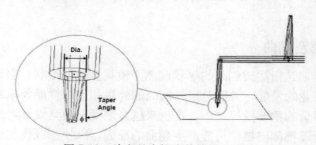

图 7-19　建立具有锥度的流道及浇口

7.3　成型条件设定

对于塑料工程师而言，怎样合理调整工艺参数和设定成型条件，如何正确调试模具和迅速排除各种成型故障，是一项应该掌握的实用技术。本节将主要针对成型条件设定展开介绍。

7.3.1　成型条件最佳化设定

在塑料制品的成型过程中，由于加工设备不同、成型方法各异、原料品种繁多，加之设备的运行状态、模具的型腔结构、物料的流变特性等多种因素错综变化，塑料制品的内在及外观质量会产生各种各样的成型缺陷。成型条件的最佳化设定主要涉及以下方面。

1. 熔胶温度

熔胶温度是指实际上在机器"空射"的温度。设定熔胶温度范围建议考虑如下两点：

（1）熔胶温度区域显示可用于确定材料的熔胶温度范围。

（2）材料的最小制程温度显示在"最小值"方块中，最大制程温度显示在"最大值"方块中。

2. 能够设定模具温度

最佳的成型条件要满足能够设定模具温度的要求。温度是指和制品接触的模腔温度，它直接影响熔体的充模流动行为、制品的冷却速度和成型后的制品性解。一般来讲，提高模温可以改善熔体在模内的流动性，增加制品的密度和结晶度，以减小充模压力和制品中的应力，但制品冷却时间延长，收缩率和脱模后的翘曲变形将会延长或增大，造成生产率随冷却时间延长下降。反之，若降低模温，虽然可以缩短冷却时间并提高生产率，但在温度过低的情况下，熔体在模内的流动性能将会变差，并使制品产生较大的应力或明显的熔接痕迹等缺陷。

此外，除了模腔表壁的粗糙度之外，模温还是影响制品表面质量的因素，适当地提高模温，制品的表面粗糙度也会随之下降。

3. 冷却时间

成型条件中，其所需的冷却时间影响模具冷却。通过冷却模拟可以优化模具及冷却系统设计，从而获得均匀的制品冷却缩短冷却时间，消除由于冷却原因造成的翘曲，进而降低制造成本。

4. 开模时间

成型条件中，其所需的开模时间，同样影响模具冷却。压射开始到油缸泄荷是保压时间，接下来到开始开模是冷却时间，两者相加就是开模时间。可以看出保压时间是根据产品的成型情况设定。

7.3.2 塑料的变形及翘曲

注塑制品翘曲变形是指注塑制品的形状偏离了模具型腔的形状，它是塑料制品常见的缺陷之一。随着塑料工业的发展，人们对塑料制品的外观和使用性能要求越来越高，翘曲变形程度作为评定产品质量的重要指标之一，也越来越多地受到模具设计者的关注与重视。模具设计者希望在设计阶段预测出塑件可能产生翘曲的原因，以便加以优化设计，从而提高注塑生产的效率和质量，缩短模具设计周期，降低成本。本节主要对在注塑模具设计过程中影响注塑制品翘曲变形的因素加以分析。

1. 模具的结构对注塑制品翘曲变形的影响

在模具设计方面，影响塑件变形的因素主要有浇注系统、冷却系统与顶出系统等。具体如图 7-20 所示。

（1）浇注系统的设计

注塑模具浇口的位置、形式和浇口的数量将影响塑料在模具型腔内的填充状态。

流动距离越长，由冻结层与中心流动层之间流动和补缩引起的内应力越大；反之，流动距离越短，从浇口到制件流动末端的流动时间越短，充模时冻结层厚度减薄，内应力降低，翘曲变形的几率也会大为降低。

图 7-20　影响变形的因素

当采用点浇进行成型时，同样由于塑料收缩的异向性，浇口的位置、数量都对塑件的变形程度有很大的影响。

另外，多浇口的使用还能使塑料的流动比（L／t）缩短，从而使模腔内物料密度更趋均匀，收缩也更均匀，同时，整个塑件能在较小的注塑压力下充满。而较小的注射压力可减少塑料的分子取向倾向，降低其内应力，从而可减少塑件的变形。

（2）冷却系统的设计

在注射过程中，塑件冷却速度不均匀也会使塑件收缩不均匀，这种收缩差别会导致弯曲力矩的产生而使塑件发生翘曲。

如果在注射成型平板形塑件时所用的模具型腔、型芯的温度相差过大，由于贴近冷模腔面的熔体很快冷却下来，而贴近热模腔面的料层则会继续收缩，收缩的不均匀将使塑件翘曲。因此，注塑模的冷却应当注意型腔、型芯的温度趋于平衡，两者的温差不能太大。

除了考虑塑件内外表面的温度趋于平衡外，还应考虑塑件各侧的温度一致，即模具冷却时要尽量保持型腔、型芯各处温度均匀一致，使塑件各处的冷却速度均衡，从而使各处的收缩更趋均匀，有效地防止变形的产生。因此，模具上冷却水孔的布置至关重要。在管壁至型腔表面距离确定后，应尽可能使冷却水孔之间的距离小，这样才能保证型腔壁的温度均匀一致。同时，由于冷却介质的温度随冷却水道长度的增加而上升，使模具的型腔、型芯沿水道产生温差，因此，要求每个冷却回路的水道长度小于 2m。在大型模具中应设置数条冷却回路，一条回路的进口位于另一条回路的出口附近。对于长条形塑件，应采用冷却回路，减少冷却回路的长度，即减少模具的温差，从而保证塑件均匀冷却。

（3）顶出系统的设计

顶出系统的设计也直接影响塑件的变形。如果顶出系统布置不平衡，将造成顶出力的不平衡而使塑件变形。因此，在设计顶出系统时应力求与脱模阻力相平衡。另外，顶出杆的截面积不能太小，以防塑件单位面积受力过大（尤其在脱模温度太高时）而使塑件产生变形。顶杆的布置应尽量靠近脱模阻力大的部位。在不影响塑件质量（包括使用要求、尺寸精度与外观等）的前提下，应尽可能多设顶杆以减少塑件的总体变形。

用软质塑料来生产大型深腔薄壁的塑件时，由于脱模阻力较大，而材料又较软，如果完全采用单一的机械式顶出方式，将使塑件产生变形，甚至顶穿或产生折叠而造成塑件报废，因此改用多元件联合或气（液）压与机械式顶出相结合的方式效果会更好。

2. 塑化阶段对制品翘曲变形的影响

塑化阶段即玻璃态的料粒转化为黏流态，提供充模所需的熔体。在这个过程中，聚合物的温度在轴向、径向(相对螺杆而言)的温差会使塑料产生应力；另外，注射机的注射压力、速率等参数会极大地影响充填时分子的取向程度，进而引起翘曲变形。

3. 充模及冷却阶段对制品翘曲变形的影响

熔融态的塑料在注射压力的作用下，充入模具型腔并在型腔内冷却、凝固的过程是注射成型的关键环节。在这个过程中，温度、压力、速度三者相互耦合作用，对塑件的质量和生产效率均有极大的影响。较高的压力和流速会产生高剪切速率，从而引起平行于流动方向和垂直于流动方向的分子取向的差异，同时产生"冻结效应"。"冻结效应"将产生冻结应力，形成塑件的内应力。温度对翘曲变形的影响体现在以下几个方面：

(1) 塑件上、下表面温差会引起热应力和热变形；

(2) 塑件不同区域之间的温度差将引起不同区域间的不均匀收缩；

(3) 不同的温度状态会影响塑料件的收缩率。

4. 脱模阶段对制品翘曲变形的影响

塑件在脱离型腔并冷却至室温的过程中多为玻璃态聚合物。脱模力不平衡、推出机构运动不平稳或脱模顶出面积不当很容易使制品变形。同时，在充模和冷却阶段冻结在塑件内的应力由于失去外界的约束，将会以变形的形式释放出来，从而导致翘曲变形。

5. 注塑制品的收缩对翘曲变形的影响

注塑制品翘曲变形的直接原因在于塑件的不均匀收缩。如果在模具设计阶段不考虑填充过程中收缩的影响，则制品的几何形状会与设计要求相差很大，严重的变形会致使制品报废。除填充阶段会引起变形外，模具上下壁面的温度差也将引起塑件上下表面收缩的差异，从而产生翘曲变形。

对翘曲分析而言，收缩本身并不重要，重要的是收缩上的差异。在注塑成型过程中，熔融塑件在注射充模阶段由于聚合物分子沿流动方向的排列使塑件在流动方向上的收缩率比垂直方向的收缩率大，从而使注塑件产生翘曲变形。一般均匀收缩只引起塑件体积上的变化，只有不均匀收缩才会引起翘曲变形。结晶型塑件在流动方向与垂直方向上的收缩率之差较非结晶型塑件大，而且其收缩率也较非结晶型塑件大。结晶型塑件大的收缩率与其收缩的异向性叠加后导致结晶型塑件翘曲变形的倾向较非结晶型塑件大得多。

6. 残余热应力对制品翘曲变形的影响

在注射成型过程中，残余热应力是引起翘曲变形的一个重要因素，而且对注塑制品的质量有较大的影响。由于残余热应力对制品翘曲变形的影响非常复杂，模具设计者可以借助于注塑 CAE 软件进行分析和预测。

7. 结论

影响注塑制品翘曲变形的因素有很多，模具的结构、塑料材料的热物理性能以及注射成型过程的条件和参数均对制品的翘曲变形有不同程度的影响。因此，对注塑制品翘曲变形机理的研究必须综合考虑整个成型过程和材料性能等多方面的因素。

7.3.3 理想弹性变形

材料在受到外力作用时产生变形或者尺寸的变化，而且能够恢复的变形叫做弹性变形。弹性变形是指受力物体的全部变形中，在除去应力后能迅速回复的那部分变形。弹性变形的重要特征是其可逆性，即受力作用后产生变形，卸除载荷后，变形消失。这反映了弹性变形决定于原子间结合力这一本质现象。关于理想弹性变形，如图 7-21 所示给出的弹性模量比较可供参考。

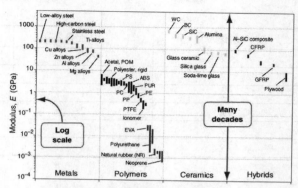

图 7-21　常用工程材料的弹性模量比较

7.4　应用实例

本实例针对成型条件的设定，以实际应用的方式，对其内容进行介绍与讲解。具体内容如下：

运用实验计划（D.O.E）的方法，针对射出机成型条件规划不同的因子实验，并根据实验结果寻求成型条件最佳化，分析产品在成型过程中影响规格的变异因子，透过 D.O.E 进而达到良率改善的目标。实验如图 7-22 所示。

1. 实验计划内容

（1）实验因子：如表 7-1 所示。

图 7-22　实验图

表 7-1　实验因子

因子名称　　　LEVEL	Low	Mid	High
射速（V）	（1）145/100	N/A	（2）160/120
射压（P）	（1）360	N/A	（2）450
保压压力（K）	（1）40	（2）140	（3）240

共需进行 $2 \times 2 \times 3 = 12$ 个实验，调机达稳态后 30PCS 不计，初步取以每次实验 30PCS，除计量外其余成型条件不予变动。

（2）实验因子安排：如表 7-2 所示。

表 7-2　实验因子安排

Lot	射速 V	射压 P	保压 K
1	1	1	1
2	1	1	2
3	1	1	3
4	1	2	1
5	1	2	2
6	1	2	3

（续）

Lot	射速 V	射压 P	保压 K
7	2	1	1
8	2	1	2
9	2	1	3
10	2	2	1
11	2	2	2
12	2	2	3

2. 验证内容

（1）产品-DDR 系列

料号：012-0001-443 模号：883-108

Cav：2

原料：LCP E6807LHF

实验机台-FANUC S-2000i 50A

（2）验证产品内容

Output-

①Housing Warpage

②Housing Twist

③成品 Warpage

④成品 Twist

3. 量测方式

利用厚薄规进行量测。为减少实验变异，同一规格检测均为同一人员操作并作记录。Output 记录的人数配置如下：

①Housing Warpage 1 人

②Housing Twist 1 人

③成品 Warpage 内侧

④成品 Warpage 外侧

4. 实验流程

实验流程的相关内容如图 7-23 所示。

实验流程图如图 7-24 所示。

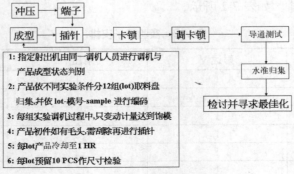

图 7-23　实验流程

流程图

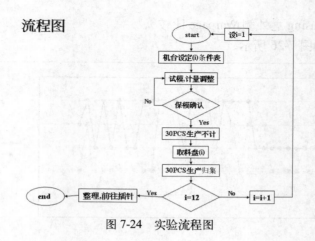

图 7-24　实验流程图

5. 成型条件分析

（1）Housing 之 Warpage 与 Twist 分析

归集样品 30PCS/CAV，共 2CAVs，模号标示 3、4，依模穴不同扣除不良品后取平均值，Housing 之 warpage 与 twist 趋势如图 7-25（a）、图 7-25（b）、图 7-25（c）、图 7-25（d）所示。

（a）图显示在低速低压时，随保压提高，Warpage 与 Twist 均下降。

（a）（b）两图比较可知：在低速且保压不变时，射压提高会使 Warpage 变大，但 Twist 则下降。

（c）图显示：高速低射压时，随保压提高，Twist 获得改善，但则 Warpage 无明显的变化。

（c）（d）两图比较可知：在高速且保压不变时高射压状态下 Twist 明显下降，而 Warpage 的变化则较不稳定。

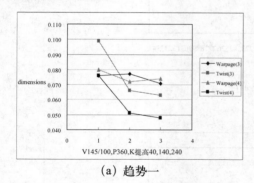

（a）趋势一

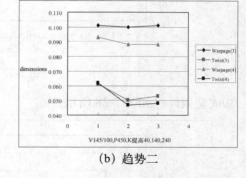

（b）趋势二

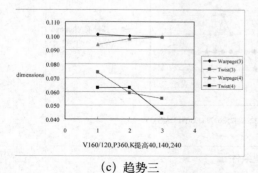

（c）趋势三

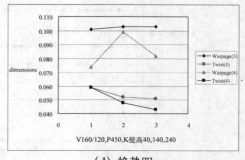

（d）趋势四

图 7-25

（2）成品与 Housing 之外侧 Warpage 比较

①成型条件一如图 7-26 所示。

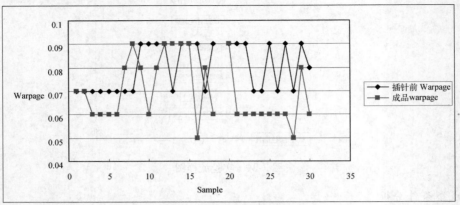

图 7-26　成型条件一

②成型条件二如图 7-27 所示。

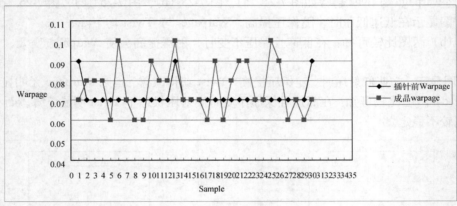

图 7-27　成型条件二

③成型条件三如图 7-28 所示。

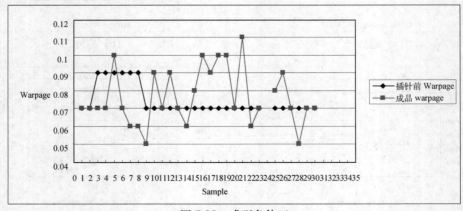

图 7-28　成型条件三

④成型条件四如图 7-29 所示。

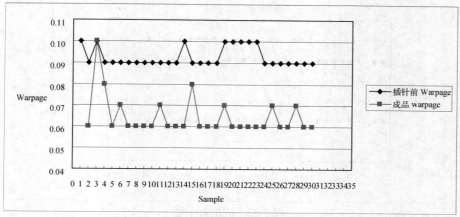

图 7-29 成型条件四

⑤成型条件五如图 7-30 所示。

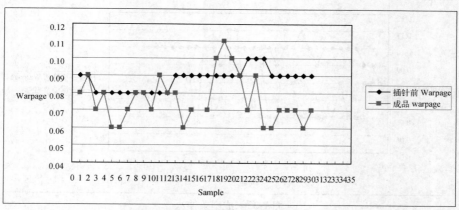

图 7-30 成型条件五

⑥成型条件六如图 7-31 所示。

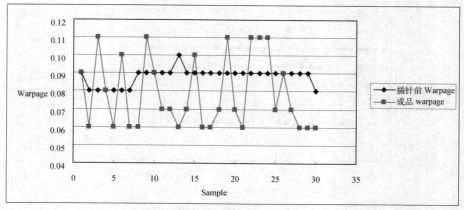

图 7-31 成型条件六

⑦成型条件七如图 7-32 所示。

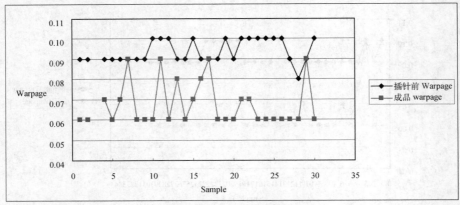

图 7-32　成型条件七

⑧成型条件八如图 7-33 所示。

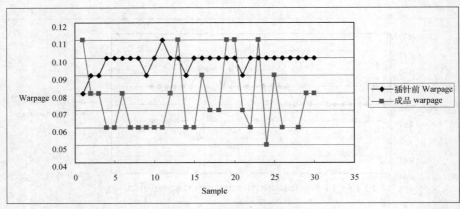

图 7-33　成型条件八

⑨成型条件九如图 7-34 所示。

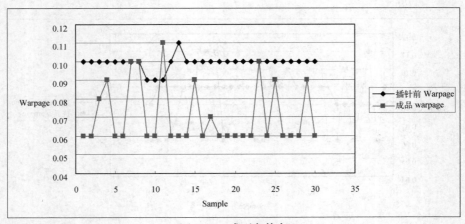

图 7-34　成型条件九

⑩成型条件十如图 7-35 所示。

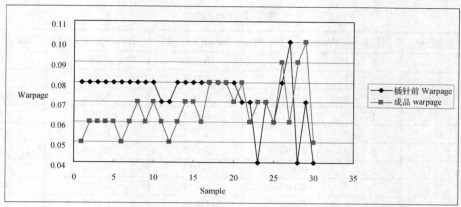

图 7-35　成型条件十

⑪成型条件十一如图 7-36 所示。

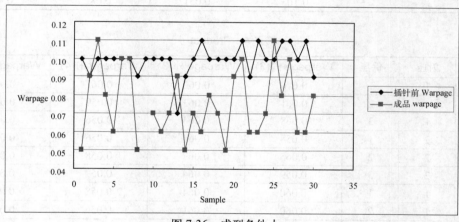

图 7-36　成型条件十一

⑫成型条件十二如图 7-37 所示。

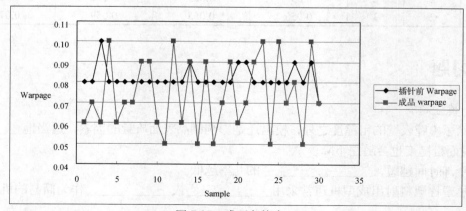

图 7-37　成型条件十二

6. 成型条件最佳化

成型条件最佳化的相关设置，分别参照表 7-3 和表 7-4。

表 7-3　Housing

射速	射压	保压	Warpage(3 号模)	Twist(3 号模)	Warpage(4 号模)	Twist(4 号模)
1	1	1	0.078	0.098	0.080	0.074
1	1	2	0.077	0.065	0.072	0.051
1	1	3	0.071	0.063	0.074	0.048
1	2	1	0.101	0.061	0.093	0.062
1	2	2	0.100	0.051	0.088	0.047
1	2	3	0.100	0.051	0.088	0.048
2	1	1	0.101	0.073	0.094	0.064
2	1	2	0.100	0.059	0.098	0.063
2	1	3	0.098	0.055	0.099	0.044
2	2	1	0.101	0.059	0.074	0.059
2	2	2	0.104	0.051	0.099	0.048
2	2	3	0.103	0.051	0.082	0.043

表 7-4　Product

射速	射压	保压	Warpage 内(3)	Warpage 外(3)	Warpage 内(4)	Warpage 外(4)
1	1	1	0.070	0.062	0.061	0.070
1	1	2	0.061	0.063	0.059	0.076
1	1	3	0.068	0.064	0.056	0.076
1	2	1	0.058	0.064	0.056	0.064
1	2	2	0.065	0.067	0.058	0.076
1	2	3	0.059	0.064	0.059	0.079
2	1	1	0.060	0.064	0.058	0.067
2	1	2	0.060	0.061	0.056	0.076
2	1	3	0.063	0.065	0.060	0.071
2	2	1	0.058	0.070	0.057	0.067
2	2	2	0.059	0.058	0.061	0.075
2	2	3	0.056	0.055	0.059	0.074

7.5　习题

一、填空题

1. 除了模腔表壁的粗糙度之外，模温还是影响制品表面质量的因素，适当地＿＿＿＿＿＿，制品的表面粗糙度也会随之下降。

2. 冷却时间越短，＿＿＿＿＿＿＿＿的几率越低。

3. 热塑性塑料射出成型机通常采用＿＿＿＿＿＿或＿＿＿＿＿＿作为简易的机器规格辨识。

二、简答题

1. 制程对生产条件有哪些方面的影响？

2. 简压压力对产品收缩和翘曲变形有哪些影响？

3. 塑化阶段对制品翘曲变形有哪些影响？

三、上机操作

1. 综合所学知识，对 7.4 小节实例的数据进行仔细分析，力求明白这些数据的作用。

关键提示：

（1）在进行数据查看的过程中，借助 Moldflow 会更加方便快捷。

（2）要明白不同的数据间反映着模具的制程要求。

2. 在 Moldflow 中，对制程条件以及各项制程参数尝试进行应用练习。

关键提示：通过应用练习了解制程有哪些类型的分析。

第 8 章　模型修整

 内容提要

本章主要介绍模型修整，包括模型导入的方法、网格的诊断以及使用 Mesh Tools 修整网格。

8.1　模型准备

在对模型进行修整之前，需要针对一些简单内容进行模型处理，如将模型导入、将模型文件保存等等。

8.1.1　模型导入操作

打开 Moldflow，在初始界面中执行相关的命令可以将模型导入。

例如，将如图 8-1 所示的模型导入到软件中，具体方法是：

（1）在 Moldflow 中，单击如图 8-2 所示红色区域内的图标菜单下拉列表按钮。

（2）在弹出的菜单中选择【打开】/【导入】菜单命令，如图 8-3 所示。

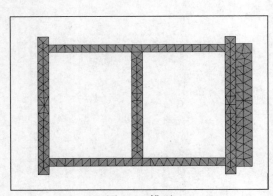

图 8-1　模型

图 8-2　菜单　　　　　　　　　　　　　　　　图 8-3　导入

（3）在弹出的【导入】快捷菜单中，从【查找范围】下拉列表框中选择文件路径，在【文件名】下拉列表框中输入名称，单击【打开】命令按钮完成设置，如图 8-4 所示。

（4）此时，系统会弹出一个如图 8-5 所示的【导入-创建/打开工程】对话框，选择【创建新工程】单选按钮，分别为【工程名称】文本框和【创建位置】文本框输入值。也可以选择【打开已有工程】单选按钮，进行原有工程的选择。单击【确定】按钮完成。

（5）执行【新建】/【方案】菜单命令进行方案内容的创建，如图 8-6 所示。

图 8-4 导入对话框

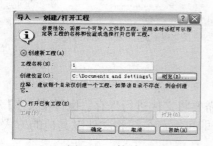

图 8-5 对话框

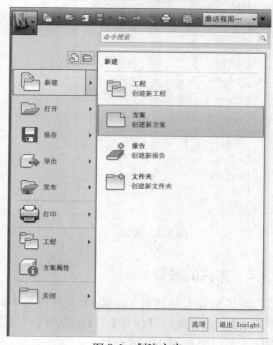

图 8-6 创建方案

（6）得到如图 8-7 所示的窗口效果。

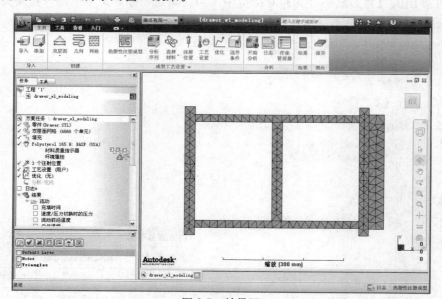

图 8-7 效果图

如果已经在 Moldflow 中创建了工程，也可以用下述方法。具体操作是：

（1）执行【打开】/【添加】菜单命令，如图 8-8 所示。

（2）在打开的【选择要添加的模型】对话框中，对"查找范围"和"文件名"进行设置。单击【打开】命令按钮进行模型的添加。如图 8-9 所示。

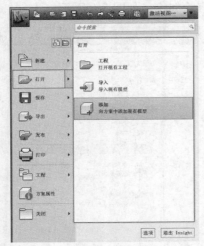

图 8-8　添加

图 8-9　选择要添加的模型

8.1.2　文件的另存

将模型导入并且对 Moldflow 文件进行编辑后，需要将文件进行保存。执行【保存】/【保存方案】，或者执行【保存】/【保存所有方案】命令即可。如果想将文件以其他的方式另存的话，可以要参照下面的方法。

（1）执行【保存】/【将方案另存为】菜单命令，如图 8-10 所示。

（2）在弹出的【将方案另存为】对话框中，为【新建名称】文本框输入将要另存的文件名称，如图 8-11 所示。单击【保存】命令按钮完成操作。

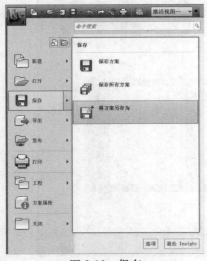

图 8-10　保存

图 8-11　将方案另存为

执行【导出】菜单命令下面的子命令，可以将文件导出，如图 8-12 所示。

TIPS>　在保存 Moldflow 文件时，还可以通过单击如图 8-13 所示的"保存"按钮。

图 8-12　导出

图 8-13　保存

8.1.3　文件格式的优先选取

Moldflow 中的文件格式有很多种，现针对这些文件格式的优先选取，主要介绍以下几点。

（1）目前 Moldflow 软件支持的文件格式有 STL,STP,IDEAS,Ansys Prep,Parasolid 以及 Pro/E 的 prt 格式等。

（2）其中 STL,IGS,unv 和 ans 格式的文件，可以直接导入到 Moldflow 软件中，而 STP,Prt 和 Parasolid 格式的文件则需要通过 Moldflow Design Link(MDL)软件中转后才能成功导入。

（3）在 IGS 文件质量较好的情况下，建议优先选择 IGS 格式；反之，则建议优先选择 STL 格式。当安装有 MDL 软件时，则建议优先使用 STP 格式。

如图 8-14 所示是维基百科对于 STP 文件格式所给出的解释。

> **STP (文件格式)**
>
> 维基百科，自由的百科全书
>
> STP是一符合STEP国际标准(ISO 10303) 的CAD文件格式，是一种独立于系统的产品模组交换格式。
>
> **支持STP格式的软件**
>
> STP是国际标准，因此获得了大多数工程软件的支持。一些3D建模软件也支持STP格式。
>
> - Pro/Engineer
> - Solidworks
> - Autodesk Inventor
> - AutoCAD
> - UG
> - Blender
>
> **意义**
>
> STP能够在不同的软件之间传递，保持良好的兼容性。在格式转换的过程中，损失的信息相对较少。这种特性使得不同平台下的协作成为可能，使用不同工程软件的工程师可以共享文件而无需重新制作模型。

图 8-14　STP 文件格式

8.2 诊断

将模型导入后，需要划分网格，在操作网格时可以
对网格进行相应诊断。

8.2.1 网格诊断

网格诊断是用来检查网格模型的问题，以便发现问
题，解决问题。在 Moldflow 中检查网格模型的问题，
可以从"文本报告"中掌握具体情况。

文本报告的内容是指通过 Moldflow 分析诊断网格
后，系统所给出的类似报告形式的对话框。如图 8-15
所示是某一模型的网格诊断的文本报告。

图 8-15　文本报告

8.2.2 诊断显示

诊断显示是指网格诊断结果的内容显示。通常情况下，通过以下几点对整体网格进行综
合考量。

1. 纵横比（或 AR 值）

纵横比是指一个物体的水平宽度除以垂直高度所得比例值，或一个物体的垂直高度除以
水平宽度所得的比例值。在制造业中，纵横比是模型划分网格后的质量标准之一（如 Moldflow
对模型划分网格），一般小于等于 6∶1。如图 8-16 所示是 Moldflow 中纵横比诊断的效果。

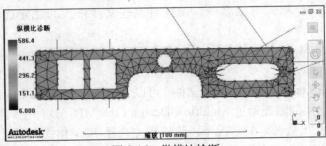

图 8-16　纵横比诊断

2. 重叠交叉、交叉

通过对网格进行重叠交叉的诊断，可以掌握网格中所存在的问题，如图 8-17 所示是重叠
交叉诊断的效果。

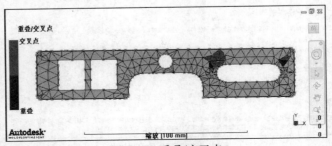

图 8-17　重叠/交叉点

3. 网格配向

网络配向是网格处理中的一个重点。通过使用 Moldflow 进行网格配向，可以解决这方面的问题。如图 8-18 所示是网格配向诊断的效果。

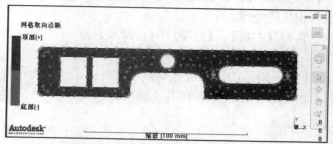

图 8-18　网格取向诊断

4. 连接性

如图 8-19 所示是网格连接性诊断的结果。通过此类操作，可以对网格进行连接性的相关分析。在进行模型分析时，要合理地应用它。

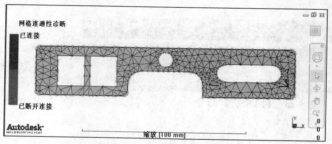

图 8-19　网络连通性诊断

5. 自由边

通过自由边诊断可以发现自由边和多重边等相关问题。如图 8-20 所示是关于自由边的诊断结果。

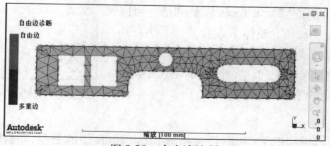

图 8-20　自由边诊断

　对于诊断显示的各类结果以及相关操作，可以通过如图 8-21 所示的"网格诊断"、"网格修复"、"选择"菜单选项卡下的各类菜单快速地实现各种诊断。

图 8-21　菜单

8.2.3　使用诊断层

可以将存在问题的网格，放置于诊断结果层中进行处理。

（1）如图 8-22 所示是要添加到诊断层的网格。通过对此网格使用诊断层来进行相应的处理。

（2）选择网格后，执行【主页】/【选择】/【诊断层】命令，如图 8-23 所示。

（3）在打开的如图 8-24 所示的【按层选择】对话框中，选中需要添加的层前面的复选框即可。单击【确定】按钮完成。

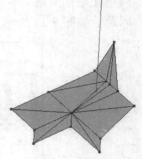

图 8-22　网格

图 8-24　按层选择对话框

图 8-23　【诊断层】命令

8.3　使用 Mesh Tools 修整网格

使用 Mesh Tools 修整网格可以让网格模型的相关问题得到妥善的处理。

使用如图 8-25 所示的 Mesh Tools 修整网格，可以实现自动修复、修复 AR 值、整体节点合并、手动合并节点、切换网格的边、局部重新划分网格、插入节点、移动节点、对齐节点、网格配向、填补孔洞、创建区域、删除网格、移除没用的节点等问题。

图 8-25　Mesh Tools

1．快捷键

使用键盘上的一些快捷键，可以快速执行 Mesh Tools 中的命令，具体如表 8-1 所示。

表 8-1　快捷键与功能对应表

功　　能	快　捷　键
Mesh Tools	Ctrl+T
Auto	Ctrl+F2
Global Merge	Ctrl+F3
Merge	Ctrl+F4

（续）

功　能	快　捷　键
Swap Edge	Ctrl+F5
Remesh Area	Ctrl+F6
Insert	Ctrl+F7
Move	Ctrl+F8
Align Nodes	Ctrl+F9
Orient	Ctrl+F10
Fill Hole	Ctrl+F11
Create Beams	Ctrl+F12
Generate Mesh	Alt+M, M
Create Triangles	Alt+M, T
Create Beams	Alt+M, B

2. 功能介绍

（1）Global Merge

此功能用来寻找及合并在指定合并范围内的所有节点。操作提示：以 Global Merge 命令激活整个网格模型，选择 Preserve Fusion mesh 选项和 merge 时会消除 element 的边，如图 8-26 所示。

（2）Merge Nodes

此功能用来合并指定的节点。操作提示：点选 Merge 命令，并在模型上选取固定的节点（Node to merge to），以及要合并的节点（Node to merge from），如图 8-27 所示。

图 8-26　Global Merge

图 8-27　Merge Nodes

（3）Swap Edge

此功能用来切换两个相邻的 element 的共用边。操作提示：点选 Swap Edge 命令，并在模型上选取两个相邻的 element，如图 8-28 所示。此功能不适用于 3D 网格。

（4）Match Nodes

此功能用来将所选点投影到对面选定的 Triangle 上。如图 8-29 所示是"Match Nodes"对话框。

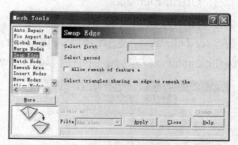

图 8-28　Swap Edge

（5）Remesh Area

此功能用来从新的目标边上重新 remesh 选择的 element。操作提示：点选 Remesh Area

命令，并在模型上选取某些 element；输入希望的边长值；Transition 用来确定 remesh 的区域与其周围区域连接处的光滑性。如图 8-30 所示。

图 8-29　Match Nodes

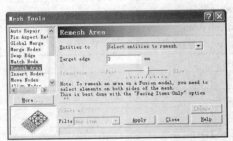
图 8-30　Remesh Area

（6）Insert Nodes

此功能用来在一条边上生成一个中点，并将一个 element 分成两个。操作提示：点选 Insert Node 命令，并在模型上选取一条边上的两个 node，不支持 3D 网格。如图 8-31 所示。

（7）Move Nodes

使用绝对或相对坐标移动选择的节点。操作提示：点选 Move 命令，并在模型上选取 node。移动一个或多个节点到绝对位置（Absolute）。用相对位移移动一个或多个节点（Relative）。如图 8-32 所示。

图 8-31　Insert Nodes

图 8-32　Move Nodes

（8）Align Nodes

此功能用来重新配置选择的节点以构成一条直线。操作提示：点选 Align Nodes 命令，并在模型上选取 node。选首尾两上基准 node，再选择需要重新配置的 node。如图 8-33 所示。

（9）Orient Elements

此功能用来重新定义 Element 的配向。操作提示：选择 Flip normal 和 Align normal 时需要选择 seed element。选择 seed element 后，在搜寻其他 elements 时有两种方式，以及与其相连接的 elements，与其属于同一区域的 elements。如图 8-34 所示。

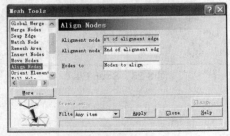
图 8-33　Align Nodes

图 8-34　Orient Elements

（10）Fill Hole

此功能用 element 填补网格上的孔洞或间隙。操作提示：点选 Fill Hole 命令，单独选择孔洞或间隙上的所有节点。选择孔洞或间隙上的一个节点，点击 search 按钮。新创建的 element 会继承其邻接 element 的属性。如图 8-35 所示。

（11）Create Regions

此功能用于将每一个 element 创建一个单独的 region，并可以对其属性单独编辑。操作提示：Planar：element 与其对应的 region 的质心距离。Angular：element 的法向矢量与其对应的 region 的法向矢量间的夹角。如图 8-36 所示。

图 8-35　Fill Hole

图 8-36　Create Regions

（12）Smooth Nodes

此功能用于将风格的边长更加均匀化。如图 8-37 所示。操作提示：通过使用 Select 下拉列表框，以及对话框中的复选框来实现。

（13）Create Beams

此功能用于创建 beam。如图 8-38 所示。操作提示：通过对此对话框中的文本框输入值进行操作。

图 8-37　Smooth Nodes

图 8-38　Create Beams

（14）Project Mesh

此功能用于将所选中的 element 投影到其对应的 surface 上，在网格严重偏离原来的形状时比较有用。如图 8-39 所示。

（15）Create Triangle

此功能用于创建三角形 element。如图 8-40 所示。操作提示：在对话框中的三个文本框输入内容并使用其中的复选框实现相应功能的控制。

（16）Delete Entities

此功能用来删除不需要的实体。操作提示：点选 Delete 命令，点取需要删除的实体。如图 8-41 所示。

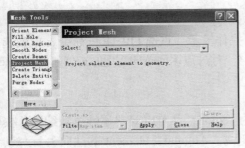

图 8-39　Project Mesh

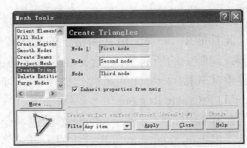

图 8-40　Create Triangle

（17）Purge Nodes

此功能用来移除游离的点。操作提示：点选 Purge Nodes 命令，直接按下 Apply。如图 8-42 所示。

图 8-41　Delete Entities

图 8-42　Purge Nodes

8.4　应用实例

下面通过一个简单的应用实例，对所学内容进行的巩固。

（1）如图 8-43 所示是一种进行过网格划分等处理的模型效果。

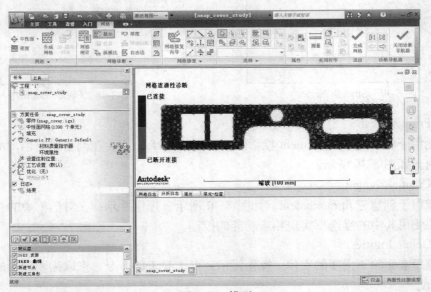

图 8-43　模型

（2）对已经进行过操作的模型进行网格的重新划分。选中网格模型，执行【网格】/【网格修复】/【重新划分网格】命令，如图 8-44 所示。

（3）在打开的如图 8-45 所示【工具】选项卡中，为【实体】下拉列表框输入值（这里采用将整个模型选中的方法），保持其他值不变，单击【应用】命令按钮进行划分。

图 8-44　重新划分网格　　　　　　　　图 8-45　工具选项卡

（4）完成重新划分后，可以看到窗口中模型的网格密度有了细微的变化。如图 8-46 所示。

图 8-46　网格模型

8.5　练习

一、填空题

1. Merge Nodes 功能用来_____指定的节点。

2. Global Merge 功能用来_____及_____在指定合并范围内的所有节点。

3. 通过执行【网格】/【网格修复】/【重新划分网格】命令，可实现_____功能。

二、简答题

1. 概述两种 Moldflow 中文件另存的方法。

2. 概述 Create Triangle 的功能。

3. 使用 Mesh Tools 修整网格，可实现什么内容？请简单列举五种左右。

三、上机操作

1. 综合所学知识，对如图 8-47 所示的网格模型进行重新划分网格。

图 8-47　操作题一

关键提示：

（1）绘制模型，然后进行自动网格划分。

（2）借助 Moldflow 中的"重新划分网格"功能，实现网格的重新划分。

2. 综合所学知识，尝试使用 Mesh Tools 修整网格。

关键提示：

在进行网格修整之前，必须有导入的模型，而且此模型是已经被划分网格的。

第9章　聚合物

 内容提要

本章主要介绍聚合物，包括聚合物的结构特点、性能，注塑品注射过程中的缺陷以及影响注塑件的因素。

9.1　聚合物的结构特点

由树脂加助剂组成，在一定温度和压力下，能塑化流动并成型为一定形状和尺寸（通过模具）、经冷却凝固（热塑性塑料）或固化交联（热固性塑料）成为能够保持这种形状尺寸的制品，这样的材料称为聚合物，也称塑料。成型用塑料原料有粉料、粒料、溶液和塑料糊等。

9.1.1　聚合物的分子结构特点

聚合物分子结构的相关特点如下：

1. 聚合物的分子结构

聚合物的分子结构，如图 9-1 所示。

（1）单体：能合成聚合物的小分子物质，如聚乙烯的单体是 CH2=CH2。

（2）链节：聚合物中重复出现的结构单元，如聚乙烯的结构单元是 − CH2—CH2—。

（3）聚合度：聚合物分子结构中的 n 值表示聚合物中链节的重复次数，n 值越大，相对分子质量越大。

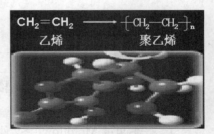

图 9-1　聚合物的分子结构

（4）分子链：由许多链节构成的一个很长的聚合物分子。

2. 聚合物的性质

（1）热塑性

线型聚合物的物理特性是具有弹性和塑性，在适当的溶剂中可以溶解，当温度升高时则软化至熔化状态而流动，且这种特性在聚合物成型前、成型后都有存在，因而可以反复成型，这样的聚合物具有热塑性，称为热塑性聚合物。

（2）热固性

体型聚合物的物理特性是脆性大、弹性较高和塑性很低，成型前是可溶和可熔的，而一经硬化成型（化学交联反应）后，就成为既不溶解又不融熔的固体，即使在再高的温度下（甚至被烧焦碳化）也不会软化，这样的聚合物称为热固性聚合物。

3. 聚合物的聚集态结构特点

如图 9-2 所示是结晶型聚合物结构示意图。聚合物的聚

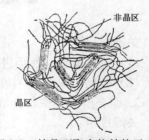

图 9-2　结晶型聚合物结构示意图

集态结构特点表现为：

(1) 聚合物分子排列呈聚集形态。

(2) 结晶型聚合物：聚合物的分子有规则紧密地排列。

(3) 非结晶型聚合物：聚合物的分子排列处于无序状态。

4. 聚合物分子结构的特点

(1) 长链分子。

(2) 分子长链具有柔性。

(3) 高分子链间一旦有交联结构存在将不溶不熔。

(4) 聚合物存在晶态和非晶态两种。

(5) 具有取向性。

如图 9-3 所示是关于其结构的效果表述。

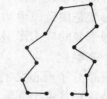

图 9-3　聚合物分子结构的特点

9.1.2　高分子聚合物

分子结构是决定分子运动的内在条件，材料的物理性能是分子运动的宏观表现。通过了解高分子聚合物不同的结构特点就可以了解材料所表现出来的宏观物理性能的差别。高分子的特性行为决定于它的特殊结构。同低分子聚合物相比，高分子聚合物的结构有以下特点：如图 9-4 所示。

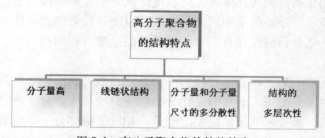

图 9-4　高分子聚合物的结构特点

1. 分子量高

高分子与低分子化合物相比较，分子量非常高。由于这一突出特点，聚合物显示出了特有的性能，表现为"三高一低一消失"。如图 9-5 所示。

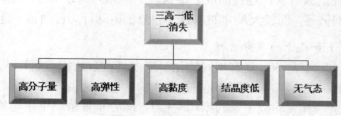

图 9-5　三高一低一消失

(1) 高分子量

高分子化合物的分子量相对于非金属和金属物质是很大的。分子量在 $10^3 \sim 10^4$ 的化合物开始显示出高分子的特征，可称为准高分子化合物；当分子量超过 10^4，才成为典型的高分子化合物。构成普通高分子的原子是碳、氢、氧、氮等非金属元素，这些非金属元素相互间以化学键力相连接，形成大分子，大分子的许多性能特点都是与其高分子量密切相关的。

（2）高弹性

高弹性是高聚物特有的基于链段运动体现出来的可贵性能。高弹性是小应力作用下由于高分子链段运动而产生的很大的形变。链段（不是整个大分子链）由原来的构象过渡到与外力相适应的构象，高分子链由一种平衡态过渡到另一种平衡态，从而产生高弹形变。正是由于高弹形变是由链段运动所产生的，所以低分子化合物由于没有相应的结构，不具有这种形变。高弹形变的应力作用小，但是形变量很大，可达 1000%。

（3）高黏度

黏度是分子质心发生相对位移的难易程度。聚合物熔体或浓溶液的物态属黏流态，由于此时大分子链基本上都处于紊乱状态，链段之间相互缠结，故流动时产生内摩擦而显现黏性。黏性的定量表征是黏度。黏度的单位为 Pa·s。

普通低分子化合物的黏度为 0.01 Pa·s，极黏的液体约为 10^3Pa·s，而聚合物黏度可高达 10^{13}Pa·s。

（4）结晶度低

如果固体物质内部的质点（分子、原子或离子）在空间的排列具有短程有序性又具有长程有序性，即为晶体。许多低分子化合物的固体都可以形成晶体，结晶度是 100%。高分子化合物由于分子链长而柔软，并且相互交织缠结，所以很难完全排入晶格形成完整晶体。结晶聚合物都是晶相和非晶相的共存体系，结晶度比低分子化合物低得多。并且由于高分子化合物的分子链长短不一，分子量不相同，所以结晶温度（或者熔融温度）常常表现为一个较宽的范围，而低分子化合物则往往有一个明确的结晶温度（或熔点）。

（5）无气态

物质按其分子运动的形式和力学特征可分为气态、液态、固态三种聚集形态。低分子化合物同时存在这三种聚集形态，而高分子化合物由于分子量大，分子链之间的作用力比低分子间作用力大许多倍。高分子气化所需的能量，超过了破坏分子中价键所需的能量，未等达到气化就先行裂解了，所以高分子化合物只存在固态和液态，不存在气态这种聚集形态。

2. 线链状结构

高分子可看成是数目庞大的低分子以共价键相连接而形成的。如果把低分子抽象为一个"点"，那么绝大多数高分子则抽象为由千百万个"点"连接而成的"线"或"链"。一般合成高分子是由单体通过聚合反应连接而成的链状分子，称为高分子链，除真正的线状链外，还可能形成支链、网链等。而较大尺寸的高分子的分子运动行为可通过"链"的运动来描述。

3. 分子量和分子量尺寸的多分散性

高分子化合物实际上是一种具有相同的化学组成（链节结构相同），而分子链长度不等（每个分子的链节数目不同）的同系高分子的混合物。也就是说，构成高分子化合物的每个分子的分子量不完全一样（即分子量的不均一性），即分子量是一个平均值，这种特性就称为分子量的多分散性。除有限的几种天然高分子外，其他高分子的分子量都是不均一的。也可理解为分子量相同的不同分子之间在同一时刻可具有不同的尺寸。这就决定了高分子的分子量和分子尺寸只能是某种意义上的统计平均值。

4. 结构的多层次性

高分子结构的特点造成高分子的结构可分成许多层次，包括链结构单元的近程关系、远程关系、链之间的聚集状态、织态结构等多层次。它们表现出多模式的运动，赋予聚合物的多重转变和各种物理性质。

9.2　注塑制品注射过程中主要的缺陷

在注塑成型加工过程中可能由于原料处理不好、制品或模具设计不合理、操作工人没有掌握合适的工艺操作条件或者因机械方面的原因，常常使制品产生注不满、凹陷、飞边、气泡、裂纹、翘曲变形、尺寸变化等缺陷。下面针对这些缺陷进行具体地分析。

9.2.1　欠注

欠注又叫短射、充填不足、制件不满，指料流末端出现部分不完整现象或一模多腔中一部分填充不满，特别是薄壁区或流动路径的末端区域填充不满。其表现为熔体在没有充满型腔就冷凝了，熔料进入型受腔后没有充填完全，导致产品缺料。

1. 产生原因

产生欠注的主要原因是流动阻力过大，造成熔体无法继续流动。影响熔体流动长度因素包括制件壁厚、模具温度、注塑压力、熔体温度和材料成分。这些因素如果处理不好都会造成欠注。如图 9-6、图 9-7、图 9-8 所示，分别是一些欠注的注塑制品。

图 9-6　由于产生气体　　　图 9-7　制品壁厚引起　　　图 9-8　黏度大、流速慢引起
　　表面欠注　　　　　　　　　肋筋欠注　　　　　　　　制件角落欠注

2. 欠注缺陷排除

当欠注产生后，要想尽办法排除缺陷。可通过如图 9-9 所示的欠注缺陷排除检查点来实现。

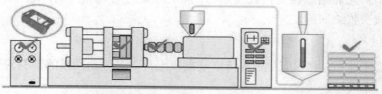

图 9-9　欠注缺陷排除检查点 Short Shot Checkpoints

（1）工艺条件控制不当：应适应调整。
（2）注塑机的注射能力小于塑件重量：应换用较大规格的注塑机。
（3）流道和浇口截面太小：应适当加大。
（4）模腔内熔料的流动距离太长或有薄壁部分：应设置冷料穴。
（5）模具排气不良，模腔内的残留空气导致欠注：应改善模具的排气系统。

（6）原料的流动性能太差：应换用流动性能较好的树脂。

（7）料筒温度太低、注射压力不足或补料的注射时间太短引起欠注：应相应提高有关工艺参数的控制量。

9.2.2 收缩凹陷

在注塑成型过程中，制品收缩凹陷是比较常见的现象。造成这种情况的主要原因有以下几点。如图 9-10 所示。

图 9-10 收缩凹陷的原因

1. 机台方面

（1）射嘴孔太大造成熔料回流而出现收缩或射嘴孔太小时阻力大料量不足出现收缩。

（2）锁模力不足造成飞边也会出现收缩。应检查锁模系统是否有问题。

（3）塑化量不足。应选用塑化量大的机台，检查螺杆与料筒是否磨损。

2. 模具方面

（1）制件设计要使壁厚均匀，保证收缩一致。

（2）模具的冷却、加温系统要保证各部分的温度一致。

（3）浇注系统要保证通畅，阻力不能过大，如主流道、分流道、浇口的尺寸要适当，光洁度要足够，过渡区要圆弧过渡。

（4）对薄件应提高温度，保证料流畅顺，对厚壁制件应降低模温。

（5）浇口要对称开设，尽量开设在制件厚壁部位，应增加冷料井容积。

3. 塑料方面

结晶性的塑料比非结晶性塑料收缩强烈，加工时要适当增加料量，或在塑料中加成换剂，以加快结晶，减少收缩凹陷。

4. 加工方面

（1）料筒温度过高，容积变化大，特别是前段温度。对流动性差的塑料应适当提高温度、保证畅顺。

（2）注射压力、速度、背压过低、注射时间过短，使料量或密度不足而收缩压力、速度、背压过大、时间过长造成飞边而出现收缩。

（3）加料量即缓冲垫过大时消耗注射压力，过小时，料量不足。

（4）对于不要求精度的制件，在注射保压完毕，外层基本冷凝硬化而夹心部分尚柔软又能顶出的制件，应及早出模，让其在空气或热水中缓慢冷却，可以使收缩凹陷平缓而不那么显眼又不影响使用。

9.2.3 翘曲变形

注塑制品变形、弯曲、扭曲现象的发生主要是由于塑料成型时流动方向的收缩率比垂直方向大，使制件各向收缩率不同而翘曲，或由于注射充模时不可避免地在制件内部残留有较大的内应力而引起翘曲，这些都是高应力取向造成的变形表现。因此从根本上说，模具设计决定了制件的翘曲倾向，要想通过变更成型条件来抑制这种倾向是十分困难的，最终解决问题必须从模具设计和改良着手。翘曲变形现象主要由如图 9-11 所示的几个方面造成。

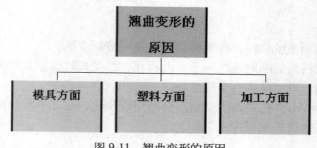

图 9-11　翘曲变形的原因

1. 模具方面

（1）制件的厚度、质量要均匀。

（2）冷却系统的设计要使模具型腔各部分温度均匀，浇注系统要使料流对称，避免因流动方向、收缩率不同而造成翘曲。适当加粗模具较难成型部分的分流道、主流道，尽量消除型腔内的密度差、压力差、温度差。

（3）制件厚薄的过渡区及转角要足够圆滑，要有良好的脱模性，如增加脱模余度，改善模面的抛光，顶出系统要保持平衡。

（4）排气要良好。

（5）增加制件壁厚或增加抗翘曲方向，由加强筋来增强制件抗翘曲能力。

（6）模具所用的材料强度要足够。

2. 塑料方面

结晶型比非结晶型塑料出现的翘曲变形机会多。可利用结晶型塑料结晶度随冷却速度增大而降低，使收缩率变小的结晶过程来矫正翘曲变形。

3. 加工方面

（1）注射压力太高，保压时间太长，熔料温度太低、速度太快会造成内应力增加而出现翘曲变形。

（2）模具温度过高，冷却时间过短，使脱模时的制件过热可出现顶出变形。

（3）在保持最低限度充料量下减少螺杆转速和背压，降低密度来限制内应力的产生。

（4）必要时可对容易翘曲变形的制件进行模具软性定型或脱模后进行退火处理。

9.2.4 变色焦化

造成注塑制品变色焦化出现黑点的主要原因是塑料或添加的紫外线吸收剂、防静电剂等在料筒内过热分解，或在料筒内停留时间过长而分解、焦化，再随同熔料注入型腔。具体原因如图 9-12 所示。

图 9-12 变色焦化的原因

1．机台方面

（1）由于加热控制系统失控，导致料筒过热造成分解变黑。

（2）由于螺杆或料筒的缺陷使熔料卡入而囤积，经受长时间固定加热造成分解。应检查过胶头套件是否磨损或里面是否有金属异物。

（3）某些塑料如 ABS 在料筒内受到高热而交联焦化，在几乎维持原来颗粒形状情形下难以熔融，被螺杆压破碎后夹带进入制件。

2．模具方面

（1）模具排气不顺，易烧焦，或浇注系统的尺寸过小，剪切过度造成焦化。

（2）模内有不适当的油类润滑剂、脱模剂。

3．塑料方面

塑料挥发物过多，湿度过大，杂质过多，再生料过多，或塑料受污染。

4．加工方面

（1）压力过大，速度过快，背压过大，转速过快都会使料温分解。

（2）应定期清洁料筒，清除比塑料耐性还差的添加剂。

9.2.5 银纹

聚合物在张应力作用下，在材料某些薄弱地方出现应力集中而产生局部的塑性形变和取向，以至在材料表面或内部垂直于应力方向上出现长度为 $100\mu m$，宽度为 $10\mu m$ 左右（视实验条件而异），厚度约为 $1\mu m$ 的微细凹槽的现象称为银纹。银纹为聚合物所特有，通常出现在非晶态聚合物中，如 PS，PMMA，PC，聚砜等。但在某些结晶聚合物中（如 PP 等）也有发现。其产生原因是：

（1）银纹现象是高聚物在溶剂、紫外光、机械力和内应力等作用下引起的形同微裂纹状的缺陷，光线照射下呈现银白色光泽。长度可达 $100\mu m$，厚约 $1\sim 10nm$。该现象由银纹质（高度取向的高分子微纤）和空洞组成，银纹质在空洞中连接银纹边，大的微纤直径约 $20\sim 30nm$，小的约 $10nm$，空洞约占银纹体积的 $40\%\sim 50\%$。银纹质具有一定的力学强度和黏弹性，因此能承受一定的负荷。而且在玻璃化温度以上能自行消失，称为自愈合。

（2）银纹和裂纹极相似。不同之处在于裂纹中间是空的，银纹中间的空洞中由银纹质相连。银纹发展变粗，银纹质断裂，即成裂纹。银纹的出现和发展，使材料的机械性能迅速变差。塑料件成型后，可在胶料流动的方向上出现银色的条纹。这是由于原料粒子干燥程度不够或者在注塑过程中胶料热稳定不强造成的。抗银纹性是塑料抵抗银纹出现和增长的能力，是塑料的重要性能指标之一。

（3）银纹剪切带是业内普遍接受的一个重要理论。大量实验表明，聚合物形变机理包括两个过程：一是剪切形变过程，二是银纹化过程。剪切过程包括弥散性的剪切屈服形变和形成局部剪切带两种情况。剪切形变只是物体形状的改变，分子间的内聚能和物体的密度基本不变。银纹化过程则使物体的密度大大下降。一方面，银纹体中有空洞，说明银纹化造成了材料一定的损伤，是亚微观断裂破坏的先兆；另一方面，银纹在形成、生长过程中消耗了大量能量，约束了裂纹的扩展，使材料的韧性提高，是聚合物增韧的力学机制之一。所以，正确认识银纹化现象，是认识高分子材料变形和断裂过程的核心，是进行共混改性塑料，尤其是增韧塑料设计的关键之一。

9.2.6　熔接痕

熔接痕是塑件表面的一种线状痕迹，是由于注射或挤出中若干股流料在模具中分流汇合，熔料在界面处未完全熔合，彼此不能熔接为一体，从而造成熔合印迹。熔接痕影响塑件的外观质量及力学性能。具体内容如下：

1. 熔接痕的角度

熔接痕的汇流角度小于 135° 时产生的是缝合线，大于 135° 时产生熔合线。汇流角度在 120°～150° 时，缝合线的表面痕迹将会消失。

一般认为缝合线的质量比熔合线差，因为在缝合线形成后，较少分子跨越缝合线相互融合。提高缝合线和熔合线区域的温度和压力可以改善其强度。考虑塑料强度与外观时，一般都不允许产生缝合线，添加纤维的强化塑料更是如此，因为纤维通常平行于缝合线而无法跨越缝合线。如图 9-13 所示。

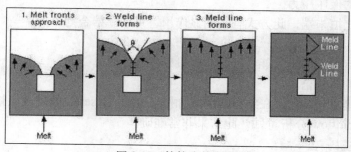

图 9-13　熔接痕的角度

2. 熔接痕的解决

（1）温度方面

①料温

a 提高注塑机料筒的温度。如果料温在合理的范围内，尽量先不要提升料温。

b 提高流道中的温度。流道温度主要受模温、流道形式、水路排布、射速等因素影响，是其他因素作用的结果。

c 减小剪切力所产生的温度。剪切热会提升熔体前沿温度，此与淡化熔接痕不矛盾，且剪切热通常与射速、gate 形式、流道截面、材料、模具表面加工等因素关系密切，此因素难以准确控制。

②模温

a 提高模具的原始温度。此为改善熔接痕的主要方式之一，但需注意是否有可选用的油温机，需考虑导柱、斜销等机构间隙是否因钢料热膨胀而导致烧死或不顺；需考虑模具表面是否热处理、模具寿命、成型周期、冷却效率等因素。

b 保持工作点的温度。

（2）速度

①注射速度

提升注射速度有利改善熔接痕，甚至可用高速电动机来提升，但同时需考虑表面要求如喷痕等外观因素、是否造成剪切过热材料裂解、产品是否会因射速提高产生毛边（flash）、是否有应力痕、导致射压太高等。

②流道中的速度

a 缩小流道截面积尺寸。但应注意原本合理的流道如果缩小截面尺寸可能导致缩水和尺寸偏小，压力升高，成型强撑会产生变形、毛边等问题。

b 减小流道长度（不包括热流道）。在产品品质满足的条件下用较短的流道长度和较小的截面尺寸，得到最佳浇注系统。这是每个 cae 工程师必须考虑的问题，如果流道已经设计合理，再减短流道长度，通常空间不大。且此因素对熔接痕改善不是太明显。

③型腔里的速度

a 提高型腔的光洁度。

b 增加或减小产品的壁厚以改变材料的流动规律。

（3）压力

①减小注射压力

注射压力小注射速度会上不去，此与提高注射速率不一致。

②增大短时的保压压力。

若熔接痕在充填末端，此方式有较明显作用，可增强结合处强度。

（4）排气

①充分利用流塑机的排气能力（当注塑机有此功能时）。

②加大模具的排气槽。

此为改善因素之一，如果在结合线区域加排气介子（insert）或排气块效果会更直接，结合线区域可由 Moldflow 分析可知，此结果非常准确。

③局部增加溢料穴。

将结合线处的冷料引到溢料穴，后期修剪掉。需注意的是很多地方的结合线，尤其是表面难以加溢料穴。且要考虑修剪是否方便、修剪成本、修剪后品质等。

（5）浇口

①改变浇口的位置。

②改变浇口的尺寸。

③改变浇口的形状。

浇口因素为最直接的因素，前期需导入 Moldflow 优化，将结合线引至非外观面或改善结合处品质，若试模后再改善其难度很大，而且模具可能越改越烂，甚至有一处问题解决另一问题又产生的可能。且会影响交期、增加试模次数、提高试模成本（每次试模成本不低）等。

（6）其他方式

①前期使用 Moldflow 优化设计进胶位置，尽量避免结合线在明显外观处或结构薄弱处，

且使熔体前沿结合处有较大的夹角。

②使结合线产生在充填过程的前期，如注射时间 2 秒，熔体前沿结合时间在 1 秒。

③不影响充填品质的情况下，尝试减少 gate 个数。

④公模面（型芯）做咬花处理（较粗花纹颗粒改变熔体汇合时高分子链的取向方向，使其杂乱汇合）。

⑤若熔体结合前沿多为冷料，可尝试加长流道冷料穴。

⑥试模后若结合线恰在结构薄弱处，可考虑做引流（flow leader）或切肉挡料的方式，改变熔体前沿流动速度从而改变结合位置。

9.2.7 气穴

气穴产生的原因，有如图 9-14 所示的两点。

图 9-14　气穴产生的原因

1. 注塑工艺不当

注射时间过短、注射速度过快、注射压力低、加料过多或过少、压力不够等。

2. 模具缺陷

流道内有驻气死角和模具排气不良。应将熔体温度控制低一些，模具温度控制高一些，这样不会产生大量气体，也不会产生缩孔。

9.2.8 溢料

溢料又称飞边、溢边、披锋等，大多发生在模具的分合位置上，如模具的分型面、滑块的滑配部位、镶件的缝隙、顶杆的孔隙等处。溢料不及时解决将会使问题进一步扩大，从而压印模具形成局部陷塌，造成永久性损害。镶件缝隙和顶杆孔隙的溢料还会使制品卡在模上，影响脱模。溢料发生的原因有如图 9-15 所示的三点。

图 9-15　溢料发生的原因

1. 锁模力较低

校验锁模力与模具型腔内的成型力，也可缩短推料杆行程。

2. 模具问题

出现较多的溢料时，应检查模具的装配精度和分型面是否紧密贴合，采用机械方法排除误差。

3. 注射工艺不当

注射速度太快，注射时间过长，注射压力分布不均及加料过多或熔料温度过高时均会导致溢料。

总之，熔接痕、缩水、变形等是成型中最常见的品质异常。影响其结果的因素很多，涉及产品结构设计、模具结构、成型设备、成型工艺、高分子材料性能等方面。各因素影响程度轻重不一，且又相互影响，从而使每个产品的问题解决方式都不同，操作时需要具体问题具体分析，寻找问题产生的原因，思考主要的影响因素，有的放矢，找出最直接的解决策略，从而用较短的时间解决问题。更重要的是防患于未然，在产品设计阶段就导入 Moldflow 优化设计，使软件与实际结合起来，将可能出现的问题在设计前期就处理掉，后续的问题也就会少许多。

9.3　注塑条件对制品成型的影响

注塑条件对制品成型的影响以及成型的过程表现，热塑性塑料注射成型中的常见缺陷及产生原因等，组成了相互制约制品成型的条件。

1. 注塑条件对制品成型的影响

注塑条件对制品成型的影响，表现在如图 9-16 所示的几个方面。

图 9-16　注塑条件对制品成型的影响

（1）塑料材料

塑料材料性能的复杂性决定了注射成型过程的复杂性。而塑料材料的性能又因品种不同、牌号不同、生产厂家不同、甚至批次不同而差异较大，不同的性能参数可能导致完全不同的成型结果。

（2）注射温度

熔体流入冷却的型腔，因热传导而散失热量。熔体的黏性随温度升高而变低。这样，注射温度越高，熔体的黏度越低，所需的充填压力越小。同时，注射温度也受到热降解温度、分解温度的限制。

（3）模具温度

模具温度越低，因热传导而散失热量的速度越快，熔体的温度越低，流动性越差。当采用较低的注射速率时，这种现象尤其明显。

（4）注射时间

注射时间对注塑过程的影响表现在三个方面：

①缩短注射时间，熔体中的剪应变率也会提高，为了充满型腔所需要的注射压力也要提高。

②缩短注射时间，熔体中的剪应变率提高，由于塑料熔体的剪切变稀特性，熔体的黏度

降低，为了充满型腔所需要的注射压力也要降低。

③缩短注射时间，熔体中的剪应变率提高，剪切发热越大，同时因热传导而散失的热量少，因此熔体的温度高，黏度越低，为了充满型腔所需要的注射压力也要降低。

以上三种情况共同作用的结果，是使充满型腔所需要的注射压力的曲线呈现"U"形。

2. 热塑性塑料注射成型中的常见缺陷及产生原因

热塑性塑料注射成型中的常见缺陷及产生原因如图 9-17 所示。

图 9-17　热塑性塑料注射成型中的常见缺陷及产生原因

（1）制品填充不足

①料桶，喷嘴及模具的温度偏低。②加料量不足。③料桶内的剩料太多。④注射压力太小。⑤注射速度太慢。⑥流道和浇口尺寸太小，浇口数量不够，切浇口位置不恰当。⑦型腔排气不良。⑧注射时间太短。⑨浇注系统发生堵塞。⑩塑料的流动性太差。

（2）制品有溢边

①料桶，喷嘴及模具温度太高。②注射压力太大，锁模力太小。③模具密合不严，有杂物或模板已变形。④型腔排气不良。⑤塑料的流动性太好。⑥加料量过大。

（3）制品有气泡

①塑料干燥不够，含有水分。②塑料有分解。③注射速度太快。④注射压力太小。⑤麻烦温太低，充模不完全。⑥模具排气不良。⑦从加料端带入空气。

（4）制品凹陷

①加料量不足。②料温太高。③制品壁厚与壁厚相差过大。④注射和保压的时间太短。⑤注射压力太小。⑥注射速度太快。⑦浇口位置不恰当。

（5）制品有明显的熔合纹

①料温太低，塑料的流动性差。②注射压力太小。③注射速度太慢。④模温太低。⑤型腔排气不良。⑥塑料受到污染。

（6）制品的表面有银丝及波纹

①塑料含有水分和挥发物。②料温太高或太低。③注射压力太小。④流道和浇口的尺寸太大。⑤嵌件未预热回温度太低。⑥制品内应力太大。

（7）制品的表面有黑点及条纹

①塑料有分解。②螺杆的速度太快，背压力太大。③喷嘴与主流道吻合不好，产生积料。④模具排气不良。⑤塑料受污染或带进杂物。⑥塑料的颗粒大小不均匀。

（8）制品翘曲变形

①模具温度太高，冷却时间不够。②制品厚薄悬殊。③浇口位置不恰当，切浇口数量不合适。④推出位置不恰当，且受力不均。⑤塑料分子定向作用太大。

（9）制品的尺寸不稳定

①加料量不稳定。②塑料颗粒大小不均匀。③料桶和喷嘴的温度太高。④注射压力太小。⑤充模和保压的时间不够。⑥浇口和流道的尺寸不恰当。⑦模具的设计尺寸不恰当。⑧模具的设计尺寸不准确。⑨推杆变形或磨损。⑩注射机的电气、液压系统不稳定。

（10）制品黏模

①注射压力太大，注射时间太长。②模具温度太高。③浇口尺寸太大，且浇口位置不恰当。

9.4 注塑成型工艺过程对塑件质量的影响

塑件的注塑成型工艺过程主要包括填充、保压、冷却、脱模 4 个阶段，这 4 个阶段直接决定着制品的成型质量，而且这 4 个阶段是一个完整的连续过程。如图 9-18 所示。

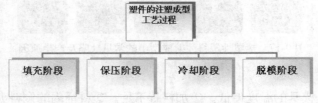

图 9-18　塑件的注塑成型工艺过程

1. 填充阶段

填充是整个注塑循环过程中的第一步，时间从模具闭合开始注塑算起，到模具型腔填充到大约 95%为止。理论上，填充时间越短，成型效率越高，但是实际中，成型时间或者注塑速度要受到很多条件的制约。

2. 保压阶段

保压阶段的作用是持续施加压力，压实熔体，增加塑料密度（增密），以补偿塑料的收缩行为。在保压过程中，由于模腔中已经填满塑料，背压较高。在保压压实过程中，注塑机螺杆仅能慢慢地向前作微小移动，塑料的流动速度也较为缓慢，这时的流动称作保压流动。由于在保压阶段，塑料受模壁冷却固化加快，熔体黏度增加也很快，因此模具型腔内的阻力很大。在保压的后期，材料密度持续增大，塑件也逐渐成形，保压阶段要一直持续到浇口固化封口为止，此时保压阶段的模腔压力达到最高值。

在保压阶段，由于压力相当高，塑料呈现部分可压缩特性。在压力较高区域，塑料较为密实，密度较高；在压力较低区域，塑料较为疏松，密度较低，因此造成密度分布随位置及时间发生变化。保压过程中塑料流速极低，流动不再起主导作用；压力为影响保压过程的主要因素。保压过程中塑料已经充满模腔，此时逐渐固化的熔体作为传递压力的介质。模腔中的压力借助塑料传递至模壁表面，有撑开模具的趋势，因此需要适当的锁模力进行锁模。涨模力在正常情形下会微微将模具撑开，对于模具的排气具有帮助作用；但若涨模力过大，易造成成型品毛边、溢料，甚至撑开模具。因此在选择注塑机时，应选择具有足够大锁模力的注塑机，以防止涨模现象并能有效进行保压。

3. 冷却阶段

在注塑成型模具中，冷却系统的设计非常重要。这是因为成型塑料制品只有冷却固化到一定刚性，脱模后才能避免塑料制品因受到外力而产生变形。由于冷却时间占整个成型周期约70%~80%，因此设计良好的冷却系统可以大幅缩短成型时间，提高注塑生产率，降低成本。设计不当的冷却系统会使成型时间拉长，增加成本；冷却不均匀更会进一步造成塑料制品的翘曲变形。

4. 脱模阶段

脱模是一个注塑成型循环中的最后一个环节。虽然制品已经冷固成型，但脱模还是对制品的质量有很重要的影响，脱模方式不当，可能会导致产品在脱模时受力不均，顶出时引起产品变形等缺陷。脱模的方式主要有两种：顶杆脱模和脱料板脱模。设计模具时要根据产品的结构特点选择合适的脱模方式，以保证产品质量。

对于选用顶杆脱模的模具，顶杆的设置应尽量均匀，并且位置应选在脱模阻力最大以及塑件强度和刚度最大的地方，以免塑料变形损坏。

而脱料板则一般用于深腔薄壁容器以及不允许有推杆痕迹的透明制品的脱模，这种机构的特点是脱模力大且均匀，运动平稳，无明显的遗留痕迹。

9.5　注塑成型工艺参数对塑件质量的影响

注塑成型工艺参数，有温度、压力、成型周期等，如图 9-19 所示。

图 9-19　注塑成型工艺参数

1. 注塑压力

注塑压力是由注塑系统的液压系统提供的。液压缸的压力通过注塑机螺杆传递到塑料熔体上，塑料熔体在压力的推动下，经注塑机的喷嘴进入模具的竖流道（对于部分模具来说也是主流道）、主流道、分流道，并经浇口进入模具型腔，这个过程即为注塑过程，或者称之为填充过程。压力的存在是为了克服熔体流动过程中的阻力，或者反过来说，流动过程中存在的阻力需要注塑机的压力来抵消，以保证填充过程顺利进行。

在注塑过程中，注塑机喷嘴处的压力最高，以克服熔体全程中的流动阻力。其后，压力沿着流动长度往熔体最前端波前处逐步降低，如果模腔内部排气良好，则熔体前端最后的压力就是大气压。

影响熔体填充压力的因素很多，概括起来有 3 类，如图 9-20 所示。

图 9-20　影响熔体填充压力的因素

(1) 材料因素，如塑料的类型、黏度等。

(2) 结构性因素，如浇注系统的类型、数目和位置，模具的型腔形状以及制品的厚度等。

(3) 成型的工艺要素。

2. 注塑时间

这里所说的注塑时间是指塑料熔体充满型腔所需要的时间，不包括模具开、合等辅助时间。尽管注塑时间很短，对于成型周期的影响也很小，但是时间的调整对于浇口、流道和型腔的压力控制有着很大作用。合理的注塑时间有助于熔体理想填充，而且对于提高制品的表面质量以及减小尺寸公差有着非常重要的意义。

注塑时间要远远低于冷却时间，大约为冷却时间的 1/10~1/15，这个规律可以作为预测塑件全部成型时间的依据。在作模流分析时，只有当熔体完全是由螺杆旋转推动注满型腔的情况下，分析结果中的注塑时间才等于工艺条件中设定的注塑时间。如果在型腔充满前发生螺杆的保压切换，那么分析结果将大于工艺条件的设定。

3. 注塑温度

注塑温度是影响注塑压力的重要因素。注塑机料筒有 5~6 个加热段，每种原料都有其合适的加工温度（详细的加工温度可以参阅材料供应商提供的数据）。注塑温度必须控制在一定的范围内。温度太低，熔料塑化不良，影响成型件的质量，增加工艺难度；温度太高，原料容易分解。在实际的注塑成型过程中，注塑温度往往比料筒温度高，高出的数值与注塑速率和材料的性能有关，最高可达 30℃。这是由于熔料通过注料口时受到剪切而产生很高的热量造成的。在作模流分析时可以通过两种方式来补偿这种差值，一种是设法测量熔料对空注塑时的温度，另一种是建模时将射嘴也包含进去。

4. 保压压力与时间

在注塑过程将近结束时，螺杆停止旋转，只是向前推进，此时注塑进入保压阶段。保压过程中注塑机的喷嘴不断向型腔补料，以填充由于制作收缩而空出的容积。如果型腔充满后不进行保压，制件大约会收缩 25% 左右，特别是筋处由于收缩过大而形成收缩痕迹。保压压力一般为充填最大压力的 85% 左右，当然要根据实际情况来确定。

5. 背压

背压是指螺杆反转后退储料时所需要克服的压力。采用高背压有利于色料的分散和塑料的熔化，但却同时延长了螺杆回缩时间，降低了塑料纤维的长度，增加了注塑机的压力，因此背压应该低一些，一般不超过注塑压力的 20%。注塑泡沫塑料时，背压应该比气体形成的压力高，否则螺杆会被推出料筒。有些注塑机可以将背压编程，以补偿熔化期间螺杆长度的缩减，这样会降低输入热量，令温度下降。不过由于这种变化的结果难以估计，故不易对机器作出相应的调整。

9.6 习题

一、填空题

1. 模具温度越低，因热传导而散失热量的速度_____，熔体的温度_____，流动性越差。

2. 聚合物显示出了特有的性能，表现为"三高一低一消失"。_____高、_____高、_____高、_____低、

3. 结晶性的塑料比非结晶性塑料收缩强烈，加工时要适当增加料量，或在塑料中加成换剂，以_____结晶，_____收缩凹陷。

二、简答题

1. 聚合物分子结构的特点有哪些？
2. 简述什么是分子链。
3. 影响熔体填充压力的因素很多，简单概述有哪几类？

三、上机操作

1. 使用 Moldflow 查看软件中自带的材料种类。
关键提示：
（1）导入模型后才可选择材料。
（2）选择的材料一定要符合制件的需要。
2. 综合所学知识，进行如图 9-21 所示的成型类别的选择。

图 9-21　操作题一

　关键提示：通过在如图 9-22 所示的黑色框线中的下拉列表菜单中选择需要的成型类别即可查看。

图 9-22　注塑类型选择

3. 在材料库中查看材料功能。

第 10 章　注塑成型过程

内容提要

　　注塑成型是指受热融化的材料由高压射入模腔，经冷却固化后，得到成形品的方法。该方法适用于形状复杂部件的批量生产。注塑成型过程，需要经过充填、保压、冷却、开模 4 个阶段。本章主要介绍注塑成型过程中 4 个阶段的情况。

10.1　充填问题的解决方案

　　下面主要针对充填问题的解决给出一些建议与方法。

　　1. 产品过重

　　在大多数情况下，产品过重是一项令人烦恼的成型特征，因为使用过多的塑料会使生产成本增加。在产品的设计方面，应修改无必须的过厚剖面以降低材料重量，但必须维持产品结构强度：

　　（1）使用较薄的肉厚再加强肋。

　　（2）设计产品使用气体辅助射出成型制造。除非在某些剖面必须使用加厚的方式来增加其结构的稳定性而无法以其他的方法增加其应力强度。

　　当试图通过改变特定流动路径的肉厚来平衡流动时，应尽量使用 flow deflectors 而不是 flow leaders 来减轻产品重量。

　　2. 迟滞现象

　　迟滞现象（滞流）是指某些流动路径中的塑料流动慢下来或停下来。

　　塑料充填模型的厚度如果不一样，会使塑料选择肉厚的部分（即阻力小的地方）流动。而剖面厚度大，阻力越小，导致肉薄的地方塑料的流动慢下来或停下来。迟滞现象常发生在肋的部分或厚薄变化明显的地方。

　　如图 10-1 图示中，肋（圆圈处）对塑料而言阻力较大，因为它相比于产品的其他部分是比较薄的，因此流动方向（以箭头显示）仅提供较小的压力去充填肋。

　　由于产品表面的缺陷、不良的保压、较高的剪应力值，还有塑料分子的配向性不一致，迟滞

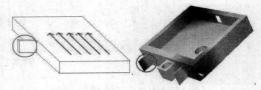

图 10-1　效果

现象会降低产品的成型品质。假如迟滞现象导致流动波前完全凝固则会产生短射的现象。在 "Confidence of Fill" 的结果会特别注明这个区域难以充填。观察充填时间及温度的结果，可以解释迟滞现象发生的原因。在充填时间图中，将以非常窄的充填时间色带间隔显示发生迟滞现象，而温度分布图会显示温度较低并且下降梯度非常大。

改善迟滞现象的方法如下：

（1）远离发生迟滞现象的地方，移动浇口位置，以减少发生塑料迟滞的时间。

（2）将浇口移到产品最厚的地方。

（3）将浇口移到迟滞现象发生的地方，流动波前将使用较大的压力充填这一区域。这对以薄肋或圆筒作为最后充填点来说是非常有用的，所有的注射压力都会作用到这一点上。

（4）增加流动迟滞区域的厚度，减少流动阻力。

（5）使用黏度较低的塑料，也就是 MFI 值较高的塑料。

3. 过保压

过保压是指某些流动路径还在充填时，另外一些流动路径已经开始进行将额外塑料压缩的动作。其原因如下：

过保压发生在最容易充填（最短或最厚）的流动路径，当此流动路径充填完成但其他地方尚未充完的时候，射出机仍需要持续将塑料挤入模穴中，造成射出压力还是持续作用在已充满的区域，所以这部分区域的塑料密度较高，收缩较少，剪应力较大。

用来显示过保压的结果是充填时间分布图。如图 10-2 所示，线条代表塑料高分子，值得注意的是其流动并不平衡，过保压将发生在模型的左侧。

过保压通常发生在充填时间最短的区域，会造成一系列问题，包括翘曲、产品重量增加、塑料密度分布不均一。要想改善这些状况，首要的是平衡所有的流动路径，可以从以下几方面来处理：

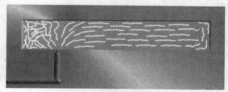

1. 使用"Flow leaders"或"Flow deflectors"。

2. 移动浇口位置使各流动路径长度平均。

图 10-2　效果

3. 将模穴分成几个假想的区域，每一区域使用一个浇口。

4. 去除不需要的浇口。

10.2　保压

下面通过用 Moldflow 进行保压分析的简单实例，进一步认识保压。

（1）如图 10-3 所示是划分了网格的模型。

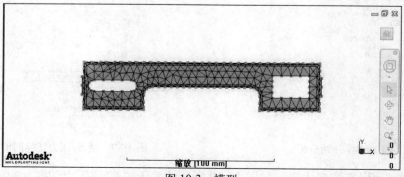

图 10-3　模型

（2）进行工艺条件的设置。执行【主页】/【成型工艺设置】/【分析序列】命令，如图10-4所示。

（3）在打开的【选择分析序列】对话框中，选择"填充+保压"选项，如图10-5所示。单击"确定"按钮完成。

图10-4　分析序列

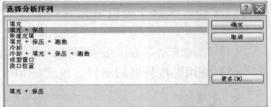

图10-5　选择分析序列

（4）需要分析"填充"，所以必须对模型添加"注射位置"。执行【主页】/【成型工艺设置】/【注射位置】命令，在模型的适当位置单击鼠标添加两个注射的位置，如图10-6所示。

（5）注射位置添加后，可以看到如图10-7所示的"方案任务"选项卡中，出现了"2个注射位置"的选项提示。

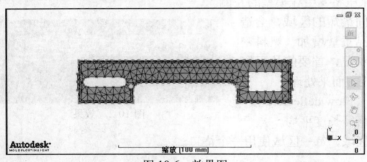

图10-6　效果图

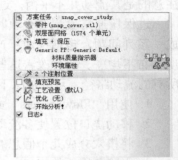

图10-7　注射位置

（6）鼠标双击"方案任务"选项卡中的"开始分析"选项，开始上述选择的分析序列内容的分析，如图10-8所示。

（7）当系统提示分析完成后，可以在"方案任务"选项卡中查看分析的结果。这里查看"速度/压力切换时的压力"选项，如图10-9所示。

图10-8　开始分析

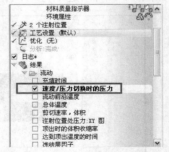

图10-9　速度/压力切换时的压力

（8）此时，可以在窗口中得到如图10-10所示的关于"速度/压力切换时的压力"的分析结果。

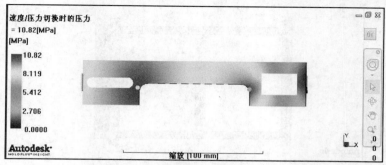

图 10-10　分析结果

（9）查看其中的"压力"选项，可得到如图 10-11 所示的分析结果。

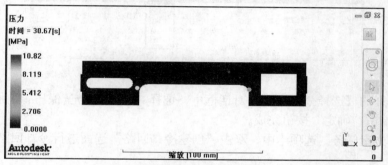

图 10-11　分析结果

（10）查看其中的"填充末端压力"选项，可得如图 10-12 所示的分析结果。

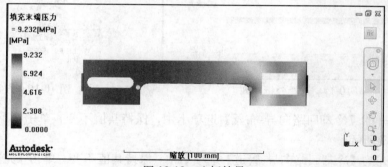

图 10-12　分析结果

10.3　冷却

冷却是注塑成型中的一道重要工序。下面通过简单的模型冷却效果的处理，了解冷却的相关内容，包括冷却分析的选择等操作。

（1）将模型通过 STL 文件格式导入 Moldflow 软件，在前处理器中完成最后的修改，并生成冷却系统和浇注系统，制品模型如图 10-13 所示。

（2）需要对工艺条件进行调整。执行【主页】/【成型工艺设置】/【分析序列】命令，如图 10-14 所示。

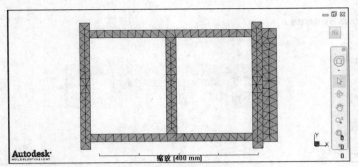

图 10-13　模型

图 10-14　分析序列

（3）在打开的【选择分析序列】对话框中，选择"冷却+填充+保压+翘曲"选项，如图 10-15 所示。单击"确定"按钮完成。

（4）在"方案任务"选项卡中，双击"创建冷却回路"选面进行冷却回路的创建。如图 10-16 所示。

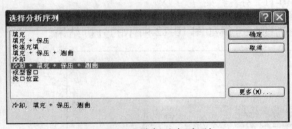

图 10-15　选择分析序列

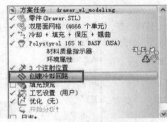

图 10-16　方案任务

（5）在打开的【冷却回路向导-布置】选项卡中，保持其值不变，单击【下一步】命令按钮，如图 10-17 所示。

（6）在打开的【冷却回路向导-管道】选项卡中，保持其值不变，单击【完成】命令按钮，如图 10-18 所示。

图 10-17　【冷却回路向导-布置】选项卡

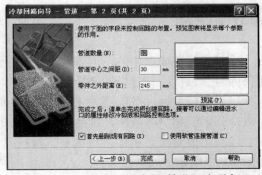

图 10-18　【冷却回路向导-管道】选项卡

（7）此时，在窗口中可以看到创建冷却回路完成的模型效果，如图 10-19 所示。

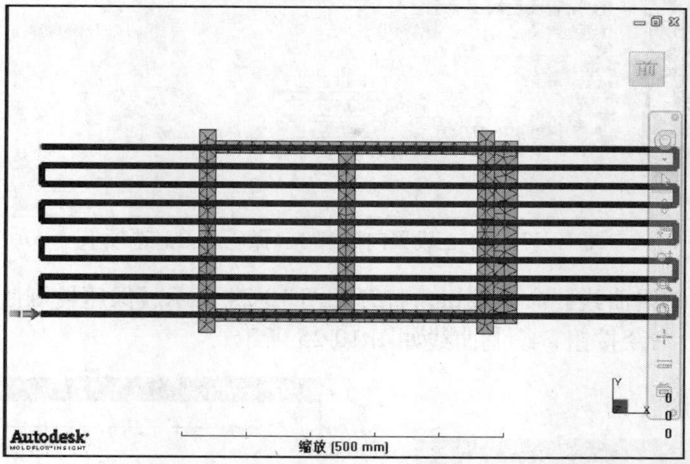

图 10-19　冷却回路

（8）在创建冷却回路之后，需要做冷却分析，设置其相关参数。执行【主页】/【成型工艺设置】/【工艺设置】命令，如图 10-20 所示。

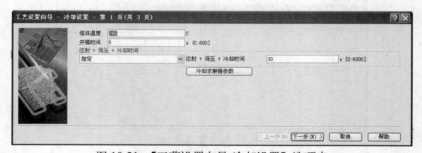

图 10-20　工艺设置

（9）在打开的【工艺设置向导-冷却设置】选项卡中，保持其值不变，单击【下一步】命令按钮，如图 10-21 所示。

图 10-21　【工艺设置向导-冷却设置】选项卡

（10）单击【冷却求解器参数】命令按钮，可打开如图 10-22 所示的【冷却求解器参数】对话框，在此可进行冷却参数值的调整求解，保持该对话框值为默认值。单击"确定"按钮完成。

（11）在打开的【工艺设置向导-填充+保压设置】选项卡中，可进行填充与保压的相关参数的设置，这里保持其值不变，单击【下一步】命令按钮，如图 10-23 所示。

图 10-22　冷却求解器参数对话框

图 10-23 【工艺设置向导-填充+保压设置】选项卡

（12）单击【编辑曲线】命令按钮，打开如图 10-24 所示【保压控制曲线设置】对话框，单击【绘制曲线】命令按钮，绘制曲线如图 10-25 所示。

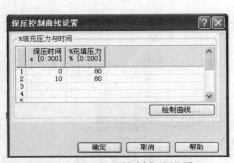

图 10-24 保压控制曲线设置

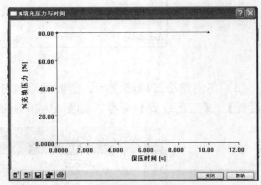

图 10-25 曲线

（13）单击【高级选项】命令按钮，打开如图 10-26 所示对话框，可在其中进行相应参数设置，单击【确定】按钮完成。

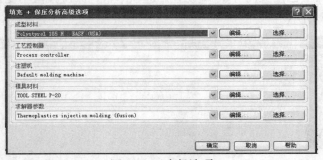

图 10-26 高级选项

（14）单击【纤维参数】命令按钮，打开如图 10-27 所示对话框，可对其中的参数进行调整。

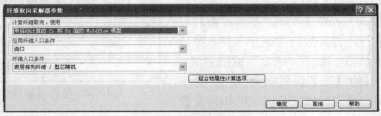

图 10-27 【纤维取向求解器参数】对话框

（15）在【纤维取向求解器参数】对话框中，单击【组合物属性计算选项】命令按钮，打开如图10-28 所示对话框，可进行参数的调整，这里保持其值不变，单击【确定】命令按钮。

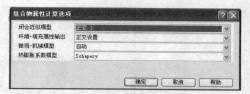

图 10-28　【组合物属性计算选项】对话框

（16）在打开的【工艺设置向导-填充+保压设置】选项卡中，单击【下一步】命令按钮，打开如图 10-29 所示的【工艺设置向导-翘曲设置】对话框，保持其值不变，单击【完成】命令按钮。

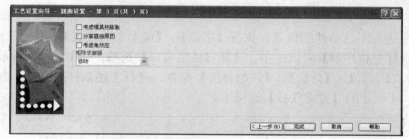

图 10-29　【工艺设置向导-翘曲设置】对话框

（17）执行【主页】/【分析】/【开始分析】命令，如图 10-30 所示，进行上述条件设置后的效果分析。

图 10-30　分析

（18）按照上述工艺条件，Moldflow 对制品的冷却过程进行了完整的模拟分析，得到的部分模拟结果如图 10-31 所示。根据这些结果，可对模型进一步进行处理与调整，最终得到适用于加工的有效设计。

进水口节点	流动速率 进/出 (lit/min)	雷诺数 范围	压力降 超 回路 (MPa)	泵送 功率超过 回路 (kW)
2411	4.23	10000.0 - 10000.0	0.0229	0.002
2630	4.23	10000.0 - 10000.0	0.0229	0.002

图 10-31　分析结果

10.4　应用实例

下面通过【分析序列】菜单下的成型窗口，结合简单实例对注塑成型过程进行进一步的了解。

如图 10-32 所示是划分了网格的模型，建模已经完成，后续将对其进行成型窗口分析。

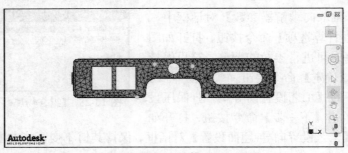

图 10-32　模型

（1）首先进行工艺条件的设置。执行【主页】/【成型工艺设置】/【分析序列】命令，在打开的【选择分析序列】对话框中，选择【成型窗口】选项，如图 10-33 所示。

（2）执行【主页】/【分析】/【开始分析】命令，进行上述条件的分析。分析完成后，得到如图 10-34 所示的【方案任务】选项卡。

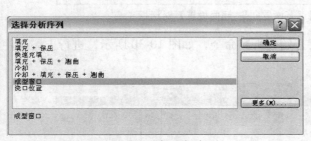

图 10-33　选择分析序列

图 10-34　方案任务

（3）选择其中的【质量（成型窗口）：XY 图】复选框，如图 10-35 所示，可查看相应结果。此选项的结果如图 10-36 所示。

图 10-35　【质量（成型窗口）：XY
　　　　　图】复选框

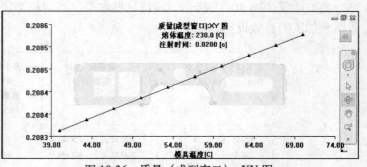

图 10-36　质量（成型窗口）：XY 图

（4）选择其中的【区域（成型窗口）：2D 幻灯片图】复选框，可查看相应结果，如图 10-37 所示。

（5）选择其中的【最大压力降（成型窗口）：XY 图】复选框，可查看相应结果，如图 10-38 所示。

（6）选择其中的【最低流动前沿温度（成型窗口）：XY 图】复选框，可查看相应结果，如图 10-39 所示。

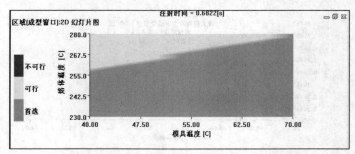

图 10-37　区域（成型窗口）：2D 幻灯片图

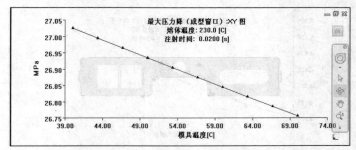

图 10-38　最大压力降（成型窗口）：XY 图

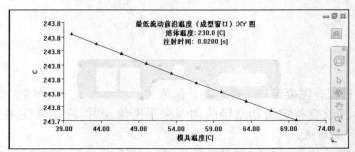

图 10-39　最低流动前沿温度（成型窗口）：XY 图

（7）选择其中的【最大剪切速率（成型窗口）：XY 图】复选框，可查看相应结果，如图 10-40 所示。

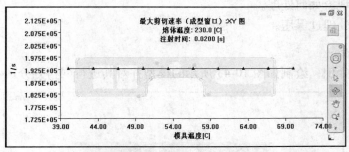

图 10-40　最大剪切速率（成型窗口）：XY 图

（8）选择其中的【最大剪切应力（成型窗口）：XY 图】复选框，可查看相应结果，如图 10-41 所示。

（9）选择其中的【最长冷却时间（成型窗口）：XY 图】复选框，可查看相应结果，如图 10-42 所示。

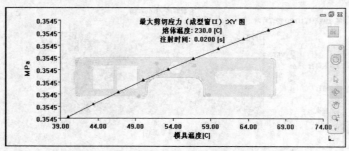

图 10-41 最大剪切应力（成型窗口）：XY 图

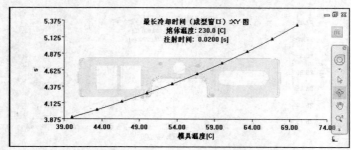

图 10-42 最长冷却时间（成型窗口）：XY 图

10.5 习题

一、填空题

1. 注塑成型过程，需要经过_____、保压、_____、开模四个阶段。

2. 当试图通过改变特定流动路径的肉厚来平衡流动时，应尽量使用_____而不是_____来减轻产品重量。

3. 过保压通常发生在充填时间最短的区域，会造成一系列问题，包括_____、_____、_____。

二、简答题

1. 简述迟滞现象如何处理。

2. 简述如何处理过保压

三、上机操作

1. 综合所学知识，绘制如图 10-43 所示的模型并对其进行网格划分。

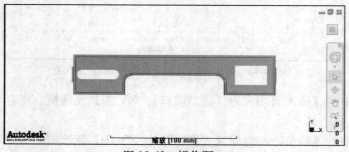

图 10-43 操作题一

关键提示：

（1）使用软件 Moldflow 来实现。

（2）椭圆和正方形的白色区域是空白区域。

2. 综合所学知识，对图 10-43 的模型进行分析操作。

关键提示：Moldflow 的分析可以有很多种，可以分别对其中的保压和成型窗口的分析结果进行验证。

第 11 章　Moldflow 的分析类型

　内容提要

本章主要介绍 Moldflow 的分析类型，包括填充和流动分析的操作、浇口位置分析的操作以及不同分析之间的联系。

11.1　Gate Location（浇口位置）分析

浇口位置的优劣直接关系到制品的质量。因此，做足前期的准备工作，确立浇口位置，并能使其通过 Moldflow 的分析是非常有必要的。下面通过实例操作，对浇口位置的分析进行介绍。

11.1.1　分析设置

设置浇口是进行注塑成型分析的基础，通过浇口位置分析可得到优化的浇口位置，避免因为浇口位置设置不当导致后续分析失真。它的设置方法如下。

（1）打开如图 11-1 所示模型，这是已经进行了网格处理的模型效果图：

（2）为"浇口位置"进行分析设置。执行【主页】/【成型工艺设置】/【分析序列】命令，在打开的如图 11-2 所示【选择分析序列】对话框中选择"浇口位置"选项，单击【确定】按钮完成设置。

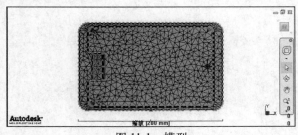
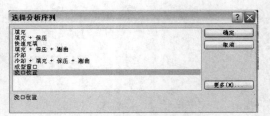

图 11-1　模型　　　　　　　　　　　　　　图 11-2　选择分析序列

11.1.2　分析结果

分析完成后，需要根据得出的结果，进行是否合理的判断。

（1）执行【主页】/【分析】/【开始分析】命令后，在弹出的如图 11-3 所示【选择分析类型】对话框中，单击【确定】按钮，系统将自动执行分析操作。

（2）分析完成后，可以通过"方案任务"选项卡查看结果，单击"流动阻力指示器"复选框，如图 11-4 所示。

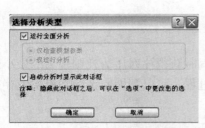

图 11-3　选择分析类型对话框　　　　　　　　图 11-4　方案任务

（3）执行复选框选中操作后，窗口将呈现如图 11-5 所示的效果，用来表示流动阻力指示器的相关内容。

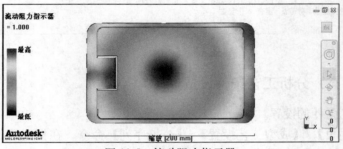

图 11-5　流动阻力指示器

（4）选中"方案任务"中的"浇口匹配性"复选框，可得到如图 11-6 所示的分析结果。

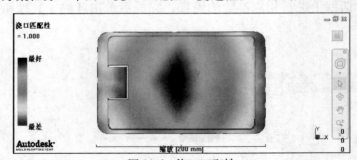

图 11-6　浇口匹配性

（5）除了上述的结果，还可以通过分析日志查看分析结果。如图 11-7 所示。

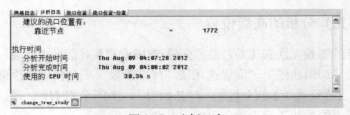

图 11-7　分析日志

11.2　Fill（填充）分析

只有经过填充后制品才能制作，所以它也是重要的一环。同样地对其进行填充分析是绝对地有必要的。

11.2.1　Fill（填充）分析的目的

填充分析是为了避免出现流动不平衡、短射，同时获得注射压力及锁模力的最小值，为合理选择注射机提供依据。通过填充在系统的检查过程，可以帮助发现网格模型中存在的问题。如图 11-8 所示。

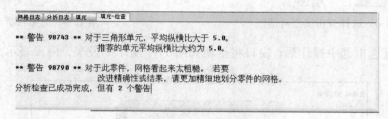

图 11-8　检查结果

11.2.2　Fill（填充）分析工艺条件设置

首先进行工艺条件的设置。

（1）执行【主页】/【成型工艺设置】/【分析序列】命令，在打开的【选择分析序列】对话框中，选择"填充"选项，如图 11-9 所示。

（2）执行【主页】/【成型工艺设置】/【工艺设置】命令，在打开的【工艺设置向导-充填设置】对话框中进行相应参数的设置，完成后单击【确定】按钮。如图 11-10 所示。

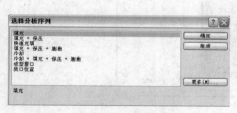
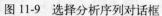

图 11-9　选择分析序列对话框　　　　图 11-10　工艺设置向导

11.2.3　Fill（填充）分析的高级设置

有一部分分析的参数无法在【工艺设置向导-充填设置】对话框中完成，它的高级设置可通过此对话框中的"编辑曲线"、"高级选项"、"纤维参数"三个按钮着手进行。

（1）通过执行【高级选项】命令按钮，打开如图 11-11 所示的【填充+保压分析高级选项】对话框，通过对其中的参数进行设置，可实现某些高级设置。

（2）下一步需要为模型创建注射位置。执行【主页】/【成型工艺设置】/【注射位置】命令，如图 11-12 所示，鼠标的光标变为锥形，选择合适的注射点，单击鼠标即可。

（3）当注射位置创建之后，可以看到其显示效果，如图 11-13 所示。

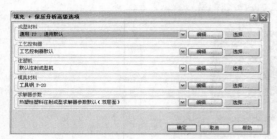

图 11-11　填充+保压分析高级选项

图 11-12　注射位置

（4）双击鼠标，执行"方案任务"选项卡下的"开始分析"选项。如图 11-14 所示，开始分析。

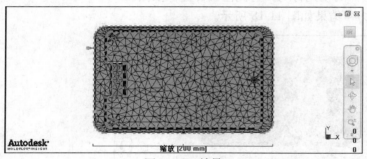

图 11-13　效果

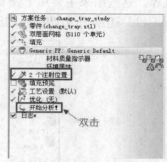

图 11-14　方案任务

11.2.4　Fill（填充）分析结果

分析完成后可以查看其中的分析结果。针对充填的分析，主要查看三个结果：一是如图 11-15 所示的"充填时间"；二是如图 11-16 所示的"充填末端总体温度"，三是如图 11-17 所示的"充填末端压力"。

图 11-15　充填时间

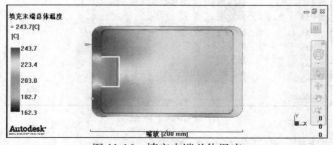

图 11-16　填充末端总体温度

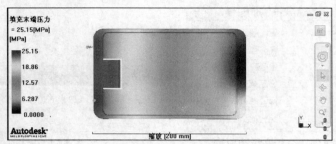

图 11-17　填充末端压力

填充分析结果包括填充时间、压力、流动前沿温度、分子取向、剪切速率、气穴、熔接痕等。这些结果主要用于查看塑件的填充行为，为优化设计提供依据。

（1）速度/压力切换时的压力，结果如图 11-18 所示。

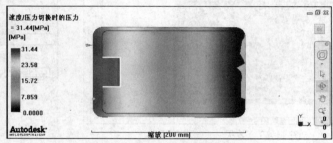

图 11-18　速度/压力切换时的压力

（2）流动前沿温度，结果如图 11-19 所示。

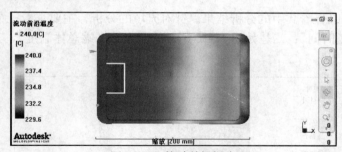

图 11-19　流动前沿温度

（3）总体温度，结果如图 11-20 所示。

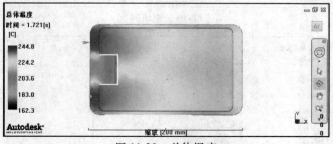

图 11-20　总体温度

（4）剪切速率、体积，结果如图 11-21 所示。

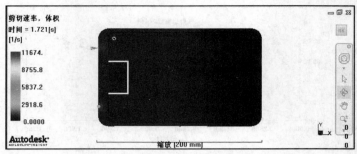

图 11-21　剪切速率、体积

（5）注射位置处压为：XY 图，结果如图 11-22 所示。

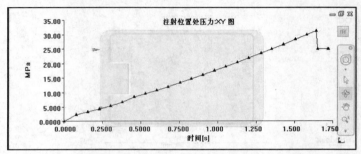

图 11-22　注射位置处压力：XY 图

（6）达到顶出温度的时间，结果如图 11-23 所示。

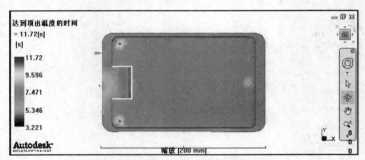

图 11-23　达到顶出温度的时间

（7）冻结层因子，结果如图 11-24 所示。

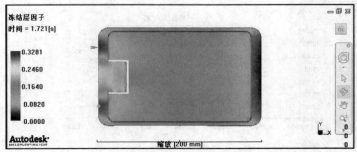

图 11-24　冻结层因子

（8）射出重量：XY 图，结果如图 11-25 所示。

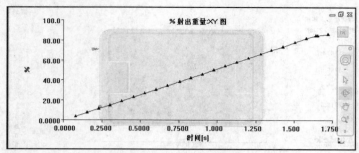

图 11-25　射出重量：XY 图

（9）气穴，结果如图 11-26 所示。

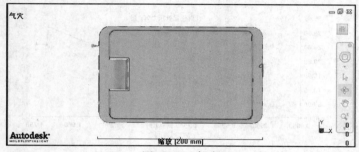

图 11-26　气穴

（10）平均速度，结果如图 11-27 所示。

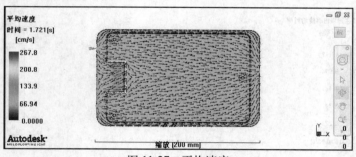

图 11-27　平均速度

（11）锁模力：XY 图，结果如图 11-28 所示。

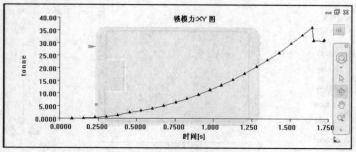

图 11-28　锁模力：XY 图

（12）填充末端冻结层因子，结果如图 11-29 所示。

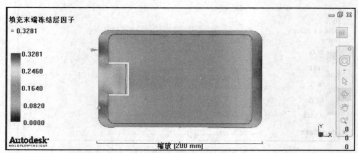

图 11-29 填充末端冻结层因子

（13）充填区域，结果如图 11-30 所示。

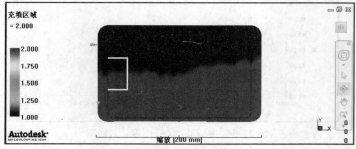

图 11-30 充填区域

（14）心部取向，结果如图 11-31 所示。

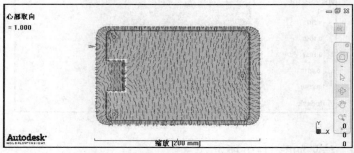

图 11-31 心部取向

（15）表层取向，结果如图 11-32 所示。

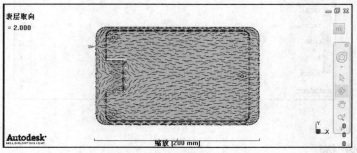

图 11-32 表层取向

（16）压力，结果如图 11-33 所示。

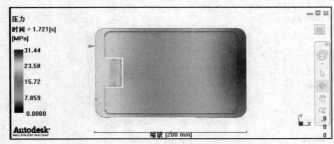

图 11-33　压力

（17）推荐的螺杆速度：XY 图，结果如图 11-34 所示。

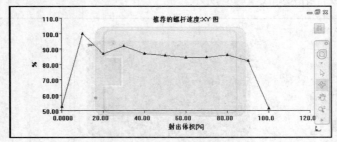

图 11-34　推荐的螺杆速度：XY 图

（18）壁上剪切应力，结果如图 11-35 所示。

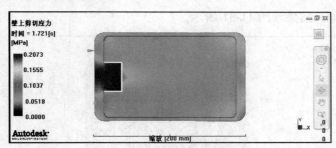

图 11-35　壁上剪切应力

（19）熔接线，结果如图 11-36 所示。

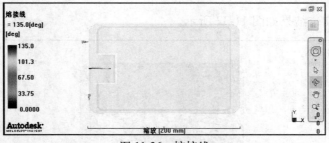

图 11-36　熔接线

11.3　应用实例

下面通过一个综合实例，对"浇口位置"、"充填"、"流动"等分析类别进行整体的分析操作。

如图 11-37 所示是已经创建完成的模型效果图。同时它的相关设置在"方案任务"选项卡中进行了显示。

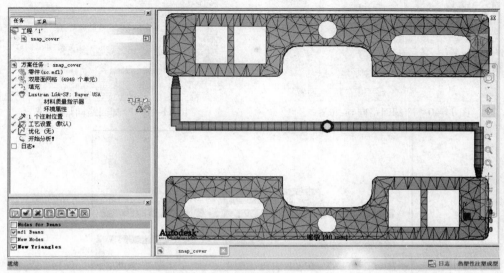

图 11-37　模型

（1）执行【主页】/【成型工艺设置】/【分析序列】命令，在打开的【选择分析序列】对话框中选择"冷却+填充+保压+翘曲"选项，如图 11-38 所示。

（2）在【方案任务】选项卡中，鼠标双击"创建冷却回路"，如图 11-39 所示。由于选择了"冷却"选项的分析，所以必须有冷却回路的创建才能进行冷却分析。

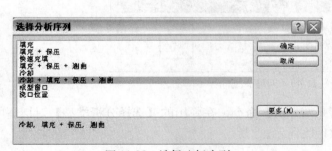

图 11-38　选择分析序列

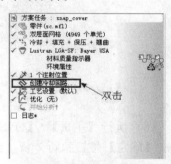

图 11-39　方案任务

（3）在打开的【冷却回路向导-布置】对话框中，保持其参数值不变，单击【下一步】命令按钮，如图 11-40 所示。

（4）在打开的【冷却回路向导-管道】对话框中，保持其参数值不变，单击【完成】命令按钮。如图 11-41 所示。

（5）在完成上述操作后，可创建如图 11-42 所示的冷却回路。

（6）执行网格修复操作。单击【主页】/【网格修复】/【网格修复向导】命令进行网格的修复工作。如图 11-43 所示。

（7）此时，系统将出现提示内容，如图 11-44 所示，单击该对话框中的【删除】命令按钮。然后根据网格修复向导对话框中的系统提示完成网格修复。

图 11-40　冷却回路向导-布置

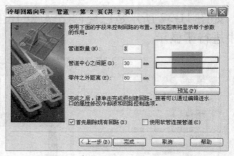
图 11-41　冷却回路向导-管道

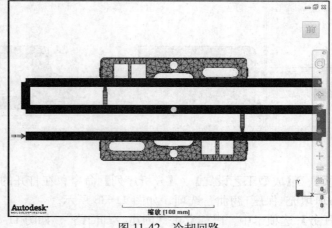
图 11-42　冷却回路

图 11-43　网格修复向导

（8）执行【主页】/【分析】/【开始分析】命令，在弹出的【选择分析类型】对话框中单击【确定】按钮执行分析。如图 11-45 所示。

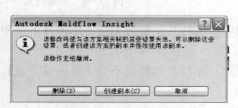
图 11-44　提示信息

图 11-45　选择分析类型

（9）在系统出现如图 11-46 所示的"分析：完成"提示对话框后，单击【确定】按钮。

（10）查看分析结果时，可以有两种方式，一种是通过分析日志的信息进行分析处理，如图 11-47 所示。另一种方法是查看如图 11-48 所示"方案任务"下的日志，选中其中的"结果"下面的复选框，即可查看其对应选项的效果。

图 11-46　分析完成

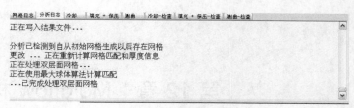

图 11-47　分析日志

（11）如图 11-49 所示是关于此模型的"充填时间"的结果。

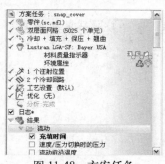

图 11-48　方案任务

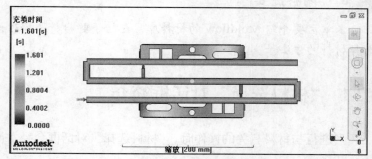

图 11-49　充填时间

11.4　习题

一、填空题

1. 执行【主页】/【成型工艺设置】/【分析序列】命令，可实现_____。

2. 执行执行【主页】/【成型工艺设置】/【工艺设置】命令，可实现_____。

二、简答题

1. 简单介绍 Fill（填充）分析的目的是什么。

2. 执行【主页】/【分析】/【开始分析】命令的作用是什么？

三、上机操作

1. 综合所学知识，对如图 11-50 所示的模型执行冷却分析。

关键提示：

（1）首先需要把模型创建完成。

（2）进行冷却分析时，一定要创建冷却回路。

（3）具体操作可参照书中关于冷却的分析方法。

2. 综合所学知识，尝试对如图 11-50 所示的模型进行浇口位置分析。

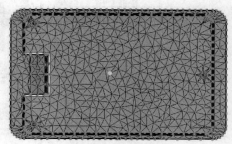

图 11-50　操作题一

关键提示：浇口位置的分析必须以浇口分析成立为前提。可借助"分析序列"菜单功能来帮助完成。

第 12 章　Moldflow 材料库

　内容提要

本章主要介绍 Moldflow 的材料库，包括了解材料选择对话框、显示材料特性的方法、选择材料的方法等。

12.1　"材料选择"对话框简介

当进行与材料有关的操作时，"材料选择"对话框会经常出现。

12.1.1　打开"材料选择"对话框

要使用"材料选择"对话框，必须通过以下操作将其打开。

（1）在有模型已经导入的前提条件下，执行【主页】/【成型工艺设置】/【选择材料】命令，如图 12-1 所示。

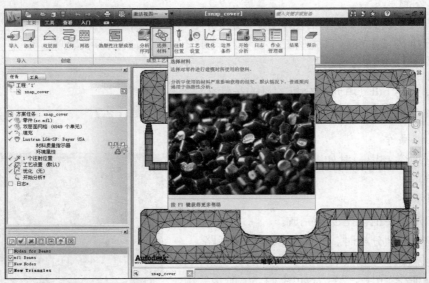

图 12-1　命令

（2）在下拉菜单中选择【选择材料 A】如图 12-2 所示。

（3）在打开的【选择材料】对话框中，单击【指定材料】单选按钮，分别在【制造商】和【牌号】下拉列表框中进行选择，如图 12-3 所示。如果要选择的材料在【常用材料】文本框中，只要单击【常用材料】单选按钮选中该选项即可。

图 12-2　选择材料 A

图 12-3　选择材料对话框

12.1.2　材料的选择

在【选择材料】对话框中可以完成材料选择的相关操作包括制造商、牌号等相关选项。

（1）单击【选择材料】对话框中的【制造商】下拉列表框，可得到如图 12-4 已经存在的制造商信息。

（2）通过单击【选择材料】对话框中的【牌号】下拉列表框，可得到如图 12-5 所示已经存在的材料牌号信息。

```
A Schulman GMBH
A Schulman NA
A Schulman Plastics (Dongguan) Ltd
A Schulman
Arkema
API SpA
APPL Industries Ltd
Aclo Compounders
Adell Plastics Inc
Advanced Composites Inc
Advanced Elastomer Systems
Ajou University
Akro-Plastic GmbH
Albis Plastics GmbH
Aline
Alpha-Gary
American Commodities Inc
American Compounding Specialities
Americas Styrenics
Argueso
Aristech Chem
Arkema NA
Asahi Kasei Chemicals Corporation
Asahi Kasei Plastics (Thailand) Co Ltd
Asahi Kasei Plastics North America Inc
Asahi Thermofil
Ascend Performance Materials
Ascom Monetel
Asia Poly
Atofina
```

```
Polyfort FIPP MXF 4025
SCHULADUR A3 GF 20
SCHULADUR A3 GF 30
SCHULAMID 6 GF15 SHI K2044
```

图 12-4　制造商　　　　　　　　　　图 12-5　牌号

（3）单击【选择材料】对话框中的【导入】命令按钮，打开如图 12-6 所示的【打开】对话框，如果计算机中有未导入的材料，可以从中选择材料完成导入。

（4）单击【选择材料】对话框中的【搜索】命令按钮，打开如图 12-7 所示的【搜索条件】对话框，从中选择相应搜索条件，单击【搜索】命令按钮可以进行材料的搜索。

图 12-6　打开对话框

图 12-7　搜索条件

12.1.3　材料属性操作

材料属性设置主要通过【选择材料】对话框完成。

（1）单击【选择材料】对话框中的【定制材料清单】命令按钮加载材料清单。如图 12-8 所示。

（2）在打开的如图 12-9 所示的【定制材料清单】对话框中，进行进一步操作。

（3）单击【定制材料清单】对话框中的【搜索】命令按钮，打开如图 12-10 所示的【搜索条件】对话框，同样可以实现对材料进行搜索。

图 12-8　加载材料清单

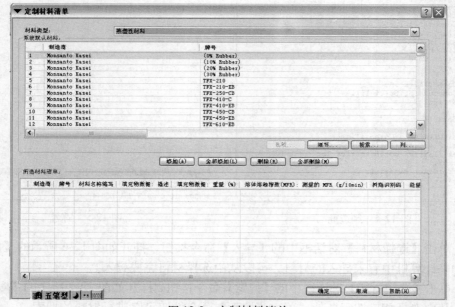

图 12-9　定制材料清单

（4）单击【定制材料清单】对话框中【列】按钮，打开如图 12-11 所示对话框，可对【列】的相关显示进行选择设置。

（5）单击【定制材料清单】对话框中【细节】按钮，打开如图 12-12 所示对话框，可对相关的材料的属性进行选择设置。

图 12-10　搜索条件

图 12-11　列对话框

图 12-12　热塑性材料对话框

12.2　显示材料特性

不同的材料具备不同的特性。为了使分析结果更加准确，根据了解的材料特性，选择适合的材料是非常重要的。

1. 材料描述

上节操作选定的材料特性描述如图 12-13 所示。

图 12-13　材料描述

2. PVT 特性

此类材料的 PVT 特性具体如图 12-14 所示。

3. 机械特性

此类材料的机械特性具体如图 12-15 所示。

图 12-14　PVT 特性

图 12-15　机械特性

4. 收缩特性

此类材料的收缩特性具体如图 12-16 所示。

5. 填充物特性

此类材料的填充物特性具体如图 12-17 所示。

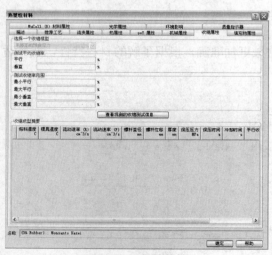

图 12-16　收缩特性

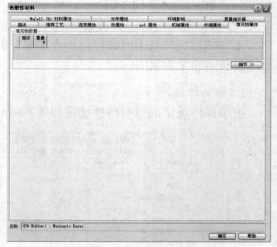

图 12-17　填充物特性

6. 推荐成型工艺条件

此类材料的推荐成型工艺条件具体如图 12-18 所示。

7. 流变特性

此类材料的流变特性具体如图 12-19 所示。

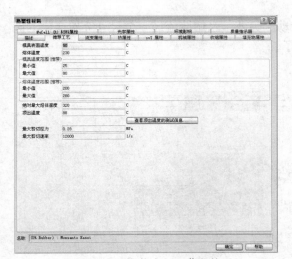

图 12-18 推荐成型工艺条件

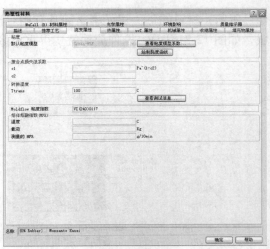

图 12-19 流变特性

8. 热特性

此类材料的热特性具体如图 12-20 所示。

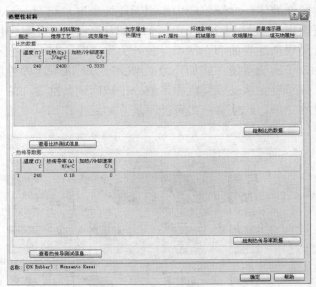

图 12-20 热特性

12.3 塑料的流动

熔融的热塑性塑料呈现黏弹性行为（viscoelastic behavior），亦即黏性流体与弹性固体的流动特性组合。当黏性流体流动时，部分驱动能量将会转变成黏滞热而消失；然而，弹性固体变形时，会将推动变形的能量储存起来。日常生活中，水的流动就是典型的黏性流体，橡胶的变形属于弹性固体。

除了这两种的材料流动行为，还有剪切和拉伸两种流动变形，如图 12-21（a）与 12-21（b）所示。在射出成形的充填阶段，热塑性塑料的熔胶的流动以剪切流动为主，如图 12-21

(c) 所示，材料的每一层元素之间具有相对滑动。另外，当熔胶流经一个尺寸突然变化的区域，如图 12-21 (d)，拉伸流动就变得重要多了。

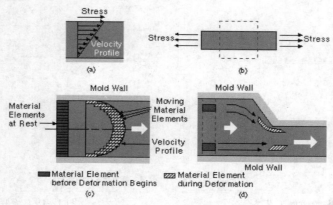

图 12-21　材料流动

(a) 剪切流动；(b) 拉伸流动；(c) 模穴内的剪切流动；(d) 充填模穴内的拉伸流动。

　　热塑性塑料承受应力时会结合理想黏性流体和理想弹性固体的特性，呈现黏弹性行为。在特定的条件下，熔胶像液体一样受剪应力作用而连续变形；然而，一旦应力解除，熔胶会像弹性固体一样恢复原形，如图 12-22 (b) 与 12-22 (c) 所示。此黏弹性行为是因为聚合物在熔融状态，分子量呈现杂乱卷曲形态，当受到外力作用时，将允许分子链移动或滑动，但是相互纠缠的聚合物分子链使系统在施加外力或解除外力时表现出弹性固体般的行为。譬如说，在解除应力后，分子链会承受恢复应力，使分子链回到杂乱卷曲的平衡状态。因为聚合物系统内仍有分子链的交缠，此恢复应力可能不是立即发生作用。

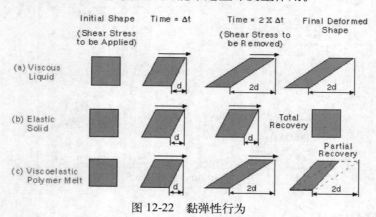

图 12-22　黏弹性行为

　　如图 12-22 (a) 所示为理想的黏性液体在应力作用下表现出连续的变形；如图 12-22 (b) 所示为理想的弹性固体承受外力会立刻变形，在外力解除后完全恢复原形；如图 12-22 (c) 所示为热塑性塑料的熔胶就像液体一样，在剪切应力作用下连续变形，一旦应力解除，它就像弹性固体一般，部分变形会恢复原形。

12.3.1　熔胶剪切黏度

　　熔胶剪切黏度（shear viscosity）是塑料抵抗剪切流动的阻力，它是剪切应力与剪变率的比值，如图 12-23 所示。聚合物熔胶因长分子链结构而具有高黏度，通常的黏度范围介于 2～3000 Pa（水为 10^{-1} Pa，玻璃为 10^{20} Pa）。

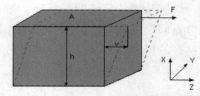

图 12-23　以简易的剪切流动说明聚合物熔胶黏度的定义

　　水是典型的牛顿流体，牛顿流体的黏度与温度有关，而与剪变率无关。但是，大多数聚合物熔胶属于非牛顿流体，其黏度不仅与温度有关，也与剪切应变率有关。

　　聚合物变形时，部分分子不再纠缠，分子链之间可以相互滑动，而且沿着作用力方向配向，结果使得聚合物的流动阻力随着变形而降低，此称为剪变致稀行为（shearing-thinning behavior），它表示聚合物承受高剪变率时黏度会降低，也为聚合物熔胶加工提供了便利。例如，以两倍压力推动开放管线内的水，水的流动速率也倍增。但是，以两倍压力推动开放管线内的聚合物熔胶，其流动速率可能因使用材料不同而增加 2～15 倍。

　　一般而言，材料的连接层之间的相对移动愈快，剪变率也愈高。所以，典型的熔胶流动速度曲线如图 12-24（a）所示，其在熔胶与模具的界面处具有最高的剪变率。而假如有聚合物凝固层，在固体与液体界面处具有最高的剪变率。另一方面，在塑件中心层因为对称性流动，使得材料之间的相对移动趋近于零，剪变率也接近零，如图 12-24（b）所示。剪变率是一项重要的流动参数，因为它会影响熔胶黏度和剪切热（黏滞热）的大小。射出成形制程的典型熔胶剪变范围在 10^2 ～10^5 1/s 之间。

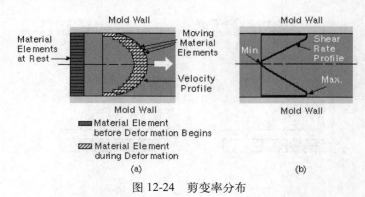

图 12-24　剪变率分布

　　如图 12-24（a）所示为相对流动元素间运动的典型速度分布曲线；如图 12-24（b）所示为射出成形的充填阶段的剪变率分布。

　　聚合物分子链的运动能力随着温度升高而提高，如图 12-25 所示，随着剪变率升高与温度升高，熔胶黏度会降低，而分子链运动能力的提升会促进较规则的分子链排列及降低分子链相互纠缠程度。此外，熔胶黏度也与压力相关，压力愈大，熔胶愈黏。材料的流变性质将剪切黏度表示为剪变率、温度与压力的函数。

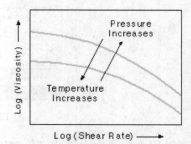

图 12-25　聚合物黏度与剪变率、温度及压力的关系

12.3.2　熔胶流动的驱动——射出压力

　　射出机的射出压力是克服熔胶流动阻力的驱动力。射出压力推动熔胶进入模穴以进行充

填和保压，熔胶从高压区流向低压区，就如同水从高处往低处流动。在射出阶段，于喷嘴蓄积高压力以克服聚合物熔胶的流动阻力，压力沿着流动长度向聚合物熔胶波前逐渐降低。假如模穴有良好的排气，则最终会在熔胶波前处达到大气压力。压力分布如图 12-26 所示。

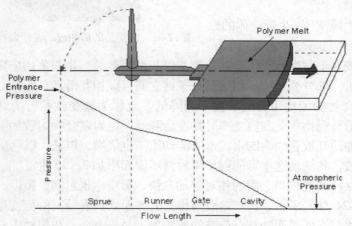

图 12-26　压力沿着熔胶输送系统和模穴而降低

模穴入口的压力愈高，压力梯度（单位流动长度之压力降）愈高。熔胶流动长度加长，就必须提高入口压力以产生相同的压力梯度，以维持聚合物熔胶速度，如图 12-27 所示。

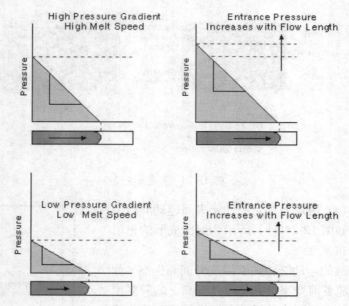

图 12-27　熔胶速度与压力梯度的关系

根据古典流体力学的简化理论，充填熔胶输送系统（竖浇道、流道和浇口）和模穴所需的射出压力与使用材料、设计、制程参数等有关系。如图 12-28 所示为射出压力与各参数的函数关系。P 表示射出压力，n 表示材料常数，大多数聚合物的 n 值介于 0.15～0.36 之间，0.3 是一个适当的近似值。熔胶流动在竖浇道、流道和圆柱形浇口等圆形管道内所需的射出压力如图 12-29 所示。

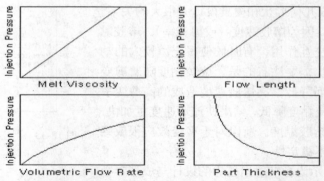

图 12-28　射出压力与使用材料黏滞性、流动长度、容积流率和肉厚的函数关系

$$p \propto \frac{(^{o21}\frac{1}{2}¦\hat{A}H°¢©\hat{E})(¬y°\hat{E}^{a}ø«×)(®e¿n¬y°\hat{E}^{2}v)^{n}}{(°Þ^{1}D¥b®¦)^{3n+1}}$$

图 12-29　射出压力

熔胶流动在薄壳模穴的带状管道内所需的射出压力，如图 12-30 所示。

$$p \propto \frac{(^{o21}\frac{1}{2}¦\hat{A}H°¢©\hat{E})(¬y°\hat{E}^{a}ø«×)(®e¿n¬y°\hat{E}^{2}v)^{n}}{(°Þ^{1}D¼e«×)(°Þ^{1}D«p«×)^{2n+1}}$$

图 12-30　射出压力

　　熔胶的流动速度与流动指数（Melt Index, MI）有关。流动指数也称为流导（flow conductance），是熔胶流动难易的指标。实际上，流动指数是塑件几何形状（例如壁厚，表面特征）及熔胶黏度的函数。流动指数随着肉厚增加而降低，但是随着熔胶黏度增加而降低，如图 12-31 所示。

　　射出成形时，在特定的成形条件及塑件肉厚下，熔胶可以流动的长度将根据材料的热卡性质与剪切性质而决定，此性质可以表示为熔胶流动长度，如图 12-32 所示。

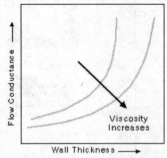

图 12-31　流动指数相对于壁厚与黏度关系

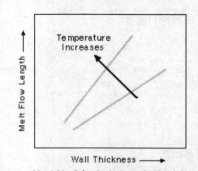

图 12-32　熔胶流动长度决定于塑件厚度和温度

　　将射出成形充填模穴的射出压力相对于充填时间画图，通常可以获得 U 形曲线，如图 12-33 所示，其最低射出压力发生在曲线的中段时间。要采用更短的充填时间，则需要高熔胶速度和高射出压力来充填模穴。要采用较长的充填时间，可以提供塑料较长的冷却时间，使熔胶黏度提高，也需要较高的射出压力来充填模穴。射出压力相对于充填时间的曲线形状

与所使用材料、模穴几何形状和模具设计有很大的关系。

最后必须指出，因为熔胶速度（或剪变率）、熔胶黏度与熔胶温度之间交互作用，有时候使得充填模穴的动力学变得非常复杂。需要注意的是，熔胶黏度随着剪变率上升及温度上升而降低。高熔胶速度造成的高剪变率及高剪切热可能会使黏度降低，结果使流动速度更加快，更提高了剪变率和熔胶温度。所以对于剪变效应很敏感的材料本质上具有不稳定性。

如图 12-34 所示为影响射出压力的设计与成形参数比较。

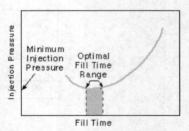

图 12-33　射出压力相对于充填时间之 U 形曲线

参数	需要高射出压力	可用低射出压力
塑件设计		
肉厚	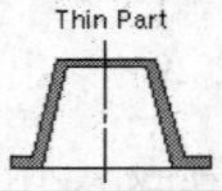 Thin Part	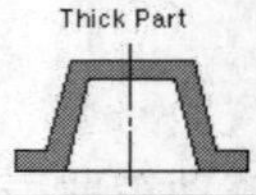 Thick Part
塑件表面	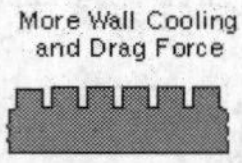 More Wall Cooling and Drag Force	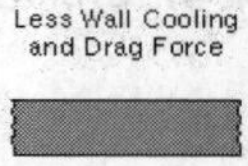 Less Wall Cooling and Drag Force
浇口设计		
浇口尺寸	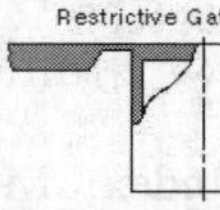 Restrictive Gate	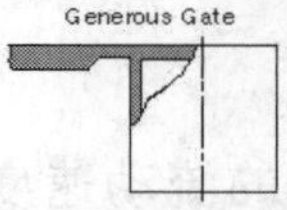 Generous Gate
流动长度	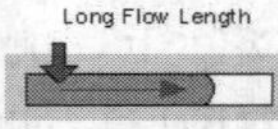 Long Flow Length	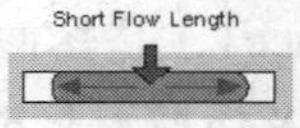 Short Flow Length
成形条件		
熔胶温度	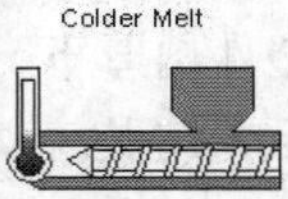 Colder Melt	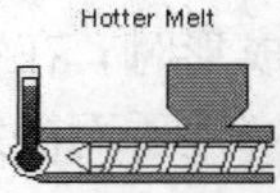 Hotter Melt
模壁（冷却剂）温度	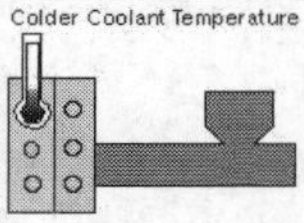 Colder Coolant Temperature	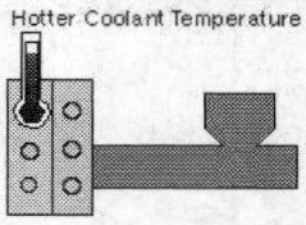 Hotter Coolant Temperature
螺杆速度	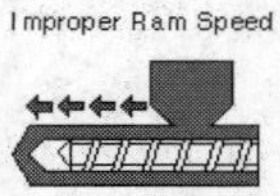 Improper Ram Speed	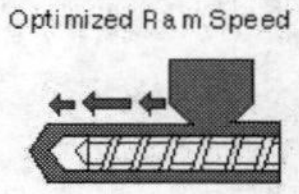 Optimized Ram Speed
选择材料		
熔胶流动指数	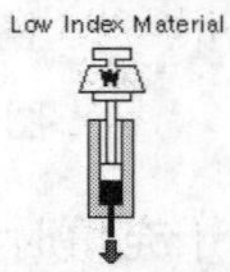 Low Index Material	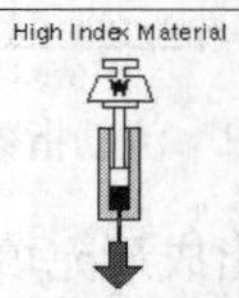 High Index Material

图 12-34　射出压力与设计、成形参数、材料的关系

12.3.3 熔胶流动的驱动——射出压力

充填模式（Filling Pattern）是熔胶在输送系统与模穴内随着时间而变化的流动情形，如图 12-35 所示。充填模式对于塑件品质有决定性的影响，理想的充填模式是在整个制程中，熔胶以一固定熔胶波前速度（melt front velocity, MFV）同时到达模穴内的每一角落；否则，模穴内先填饱的区域会因过度充填而溢料。以变化的熔胶波前速度充填模穴，将导致分子链或纤维配向性的改变。

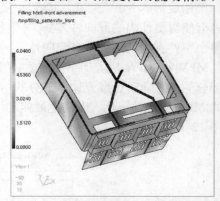

图 12-35　计算机仿真的熔胶充填模式的影像

熔胶波前的前进速度简称为 MFV，推进熔胶波前的剖面面积简称为 MFA。MFA 可以取熔胶波前横向长度乘以塑件肉厚而得到，或是取流道剖面面积，或者视情况需要而取两者之和。在任何时间，容积流动率 = 熔胶波前速度（MFV）× 熔胶波前面积（MFA）。对于形状复杂的塑件，使用固定的螺杆速率并不能保证有固定的熔胶波前速度。当模穴剖面面积发生变化，纵使射出机维持了固定的射出速度，变化的熔胶波前速度仍可能先填饱模穴的部分区域。如图 12-36 所示，在镶埋件（insert）周围熔胶波前速度增加，使镶埋件两侧产生高压力和高配向性，造成塑件潜在的不均匀收缩和翘曲。

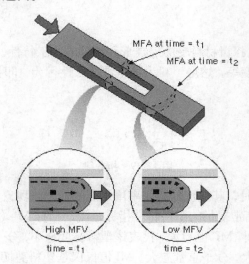

图 12-36　熔胶波前速度（MFV）和熔胶波前面积（MFA）MFV 的差异会使得塑料分子（以点表示）以不同方式伸展，导致分子与纤维配向性的差异，造成收缩量差异或翘曲。

在射出成形的充填阶段，塑料材料的分子链或是填充料会依照剪应力的作用而发生配向。由于模温通常比较低，在表面附近的配向性几乎瞬间即凝固。分子链和纤维的配向性取决于熔胶的流体动力学和纤维伸展的方向性。在熔胶波前处，由于剪切流动和拉伸流动的组合，不断强迫熔胶从肉厚中心

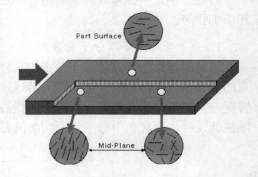

层流向模壁，造成喷泉流效应（fountain flow effect），此效应对塑件表层的分子链／纤维配向性的影响很大。如图 12-37 所示。

塑件成形的 MFV 愈高，其表面压力愈高，分子链配向性的程度也愈高。充填时的 MFV 差异会使得塑件内的配向性差异，导致收缩不同而翘曲，所以充填时应尽量维持固定的 MFV，使整个塑件有均匀的分子链配向性。

MFV 和 MFA 是流动平衡的重要设计参数。不平衡流动的 MFA 会有突然的变化，表现为部分的模穴角落已经充饱，部分的熔胶仍在流动。对于任何复杂的几何形状，应该将模穴内的 MFA 变化最小化，以决定最佳的浇口位置。流动平衡时，熔胶波前面积有最小的变化，如图 12-38 所示。

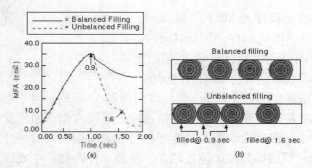

图 12-38（a）MFA 变化导致的平衡与不平衡流动；图 12-38（b）为对应的充填模式。

12.3.4 流变理论

流变学（rheology）是探讨材料受力后变形和流动的加工特性，包括剪变率、剪切黏度、黏弹性、黏滞热、拉伸黏度等。熔融塑料大多呈现拟塑性行为，即根据指数律（power law），如图 12-39 所示。

$$\tau = \mu \left(\frac{\partial u}{\partial y} \right)^n, \qquad n < 1$$

图 12-39　指数律

塑料受剪应力而运动时，其黏度随剪变率增加而降低，此现象称为高分子材料的剪稀性（shear thinning）。通常厂商常提供的塑料特性指标是流动指标 MI（Melt index），一般塑料的 MI 值大约介于 1～25 之间，MI 值愈大，代表该塑料黏度愈小，分子重量愈小；反之，MI 值愈小，代表该塑料黏度愈大，分子重量愈大。MI 值仅仅是塑料剪切黏度曲线上的一点。（注：黏度单位 1 cp = 0.001 Pa•s，cp = centipoise，Pa = N/m2）

其他影响塑料性质的因素包括分子量的大小及分子量分布、分子配向性、玻璃转移温度和添加物等。

1. 分子量的大小及分子量分布

塑料的特性之一就是分子量很大，分子量分布曲线和其聚合的方法及条件对于所制造出来的成型品有很大影响。分子量大者璃转移温度 Tg 较高，机械性质、耐热性、耐冲击强度皆提升，但是黏度亦随分子量增大而提高，造成加工不易。就分子量分布而言，短分子链影响拉伸及冲击强度，中分子链影响溶液黏度及低剪切熔胶流动，长分子链影响熔胶弹性。

2. 玻璃转移温度（glass transition temperature, Tg）

玻璃转移温度即高分子链开始具有大链接移动，也就是脱离玻璃态，开始具有延展性的温度。而 Tg 的大小对于塑料性质有很大的影响，所以往往成为判断塑料性质的重要指标，玻璃态时显现出类似玻璃的刚硬性质，但在橡胶态时，又变成较软的橡胶性质。

3. 分子配向性

塑料材料原来的性质会随着外来的因素和作用力而改变，例如聚合物熔胶的黏度（表示材料流动阻力）随分子量增加而增加，但随温度增加而减少。作用于材料的高剪应力所造成的分子配向性也会降低塑料熔胶的黏度。

4. 添加剂、填充材料、补强材料对于聚合物的影响

安定剂、润滑剂、塑化剂、抗燃剂、着色剂、发泡剂、抗静电剂、填充材料及补强材料等等可以用来改变或改善塑料的物理性质和机械性质。

12.4　习题

一、填空题

1. 胶的流动速度与_____（Melt Index, MI）有关，流动指数也称为_____（flow conductance），_____是熔胶流动难易的指标。

2. 熔融的热塑性塑料呈现_____（viscoelastic behavior），亦即黏性流体与弹性固体的流动特性组合。

3. _____和_____是流动平衡的重要设计参数。

二、简答题

1. 影响塑料性质的因素包括分子量的大小及分子量分布、分子配向性、玻璃转移温度和添加物等。简单介绍它们的相关情况。

2. 简述什么是流变学。

三、上机操作

1. 综合所学知识，熟悉"材料选择"对话框。

关键提示：

（1）可以进行材料的选择操作。

（2）可以进行材料的搜索操作。

2. 综合所学知识，查看如图 12-40 所示的流变属性的相关内容。

关键提示：此操作需要在"材料选择"对话框中进行，通过该对话框下面的"热塑性材料"对话框才能实现。

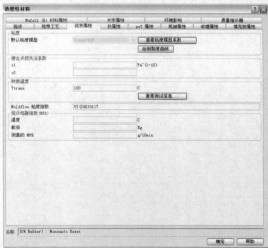

图 12-40　操作题二